KB175916

신과람쌤의
엄마표
과학놀이

신과람쌤의
엄마표 과학놀이

초판 3쇄 발행 2023년 1월 10일

지은이 | 원진아, 권은경, 서윤희, 정해련
발행인 | 김태웅
책임편집 | 안현진, 김현아
디자인 | ALL designgroup
마케팅 총괄 | 나재승
제 작 | 현대순

발행처 | (주)동양북스
등 록 | 제2014-000055호
주 소 | 서울시 마포구 동교로22길 14(04030)
전 화 | (02)337-1737
팩 스 | (02)334-6624
내용 문의 | 전화 (02)337-1763 이메일 dybooks2@gmail.com
ISBN 979-11-5768-684-1 13400

이 도서의 국립중앙도서관 출판예정도서목록(CIP)은 서지정보유통지원시스템 홈페이지(http://seoji.nl.go.kr)와
국가자료종합목록 구축시스템(http://kolis-net.nl.go.kr)에서 이용하실 수 있습니다. (CIP제어번호 : CIP2020054464)

원진아, 권은경, 서윤희, 정해련 (신나는 과학을 만드는 사람들 소속) 지음

동양북스

머리말

"엄마!"

아이가 매일 가장 많이 부르고 가장 의지하는 존재가 바로 '엄마'입니다. 아이는 엄마랑 놀이를 하는 것이 너무너무 신이 납니다. 그런데 엄마는 아이랑 재미있게 놀아주고 싶지만, 뭘 하면서 놀아야 할지 매일 고민이 되기 마련입니다. 그렇다면 오늘은 '과학놀이' 어떠세요?

아이와 놀이를 하는 것은 부담이 없는데, '과학'이라는 단어가 앞에 붙어 '과학놀이'라고 하면 확 부담을 느끼는 엄마들도 있을 겁니다. 하지만 절대 어렵지 않습니다. 누구나 할 수 있어요. 레고로 블록 놀이를 하면서 수직항력을 논하거나 물총 놀이를 하면서 파스칼의 원리를 따지지는 않잖아요. 그건 나중에 과학을 전문적으로 배우면서 논해도 충분합니다.

아이가 어린 지금은 아이와 놀면서 과학을 즐기면 됩니다. 일상 속 놀이도 엄마의 질문 하나로 멋진 과학놀이가 될 수 있습니다. 아이와 등하굣길에 계절에 따른 나뭇잎의 변화를 관찰하거나 공원에서 놀 때 시간에 따른 그림자 길이의 변화를 이야기해 보세요. 이렇게 평소 주변을 살피다 보면 주변 환경을 관찰하는 능력이 나도 모르게 길러져요. 이때 엄마는 그저 작고 사소한 것이라도 아이가 관찰한 내용에 관심을 기울여 주고 칭찬해 주면 됩니다.

물체의 길이를 재고, 무게를 비교하고, 시간을 측정하는 습관은 과학의 가장 기본적인 역량을 습득하는 첫걸음이에요. 시간이 필요한 활동은 아이와 탐구 일지를 함께 써봐도 좋아요. 기록이 쌓이면 결과의 변화를 비교하며 탐구 능력이 길러질 거예요. 놀면서 만든 아이의 작품은 소중히 간직해 주시고, 같은 놀이를 다시 할 때는 조금 다른 자극을 던져 주어 이전보다 발전하는 방향으로 고민할 수 있도록 해 주세요.

이 책을 통해 과학놀이가 좋아지고, 그래서 엄마와 아이가 모두 과학이 좋아지는 마법같은 일이 일어나기를 바랍니다. 엄마와 아이의 주변이 모두 과학놀이의 소재가 되고, 또한 엄마와 아이가 주인공이 되는 재미있는 엄마표 과학놀이를 시작해 봅시다!

신나는 과학을 함께하고 싶은 원진아, 권은경, 서윤희, 정해련 교사

과학을 좋아하는 아이로 키우고 싶으신가요? 그렇다면 과학 원리를 발견하는 짜릿한 경험을 아이에게 선물해 주세요. 책을 통해 배우는 과학도 재미있고 소중하지만, 놀이와 실험을 통해 신나게 놀면서 발견하는 과학은 아이에게 과학자의 눈과 마음을 선물하며 아이의 과학 그릇을 한층 크게 만들어 줍니다.

이 책은 일상 속에서 엄마와 자녀가 놀이를 통해 과학에 흥미를 느끼고 새로운 과학 지식을 스스로 생성해 볼 수 있도록 도와주고 있습니다. 비닐봉지, 젓가락, 자석, 공책 등 집에 있는 물건뿐만 아니라 아이와 등하원하며 함께 볼 수 있는 구름, 나무, 꽃, 그림자 등도 놀이의 주제가 됩니다. 아이들과 직접 실험하며 찍은 상세한 사진과 활동 내용이 짜임새 있게 구성되어 있어서 아이들 스스로 새로운 과학 지식을 만들어 가는 경험을 할 수 있어서 매우 인상적인 책입니다. 아이의 발달 수준과 관심 영역을 제일 잘 알고 있는 엄마가 이 책을 활용하여 아이와 함께 과학 놀이를 수행하다 보면 아이의 과학 그릇을 키워주는 강력한 과학 교육 활동이 될 것이라고 확신합니다.

이 책의 저자들은 모두 서울경기과학교사모임인 신과람(신나는 과학을 만드는 사람들)에서 오랫동안 함께 연구하고 호흡을 맞춰 온 과학교사들입니다. '신나는 과학, 정확한 과학, 모든 이를 위한 과학'을 목표로 하는 신과람 정신에 걸맞게 모든 놀이들이 억지로 공부한다는 느낌이 아니라 아이들이 과학에 흥미를 가지고 재미를 느낄 수 있도록 구성되어 있어서 과학의 대중화에 크게 기여할 수 있는 책이라고 생각합니다.

과학의 세계가 궁금한 모든 아이들과 엄마들에게 이 책을 강력히 추천합니다.

✎ 신동훈 (서울교육대학교 과학교육과 교수, 서울교육대학교 과학영재교육원 교수)

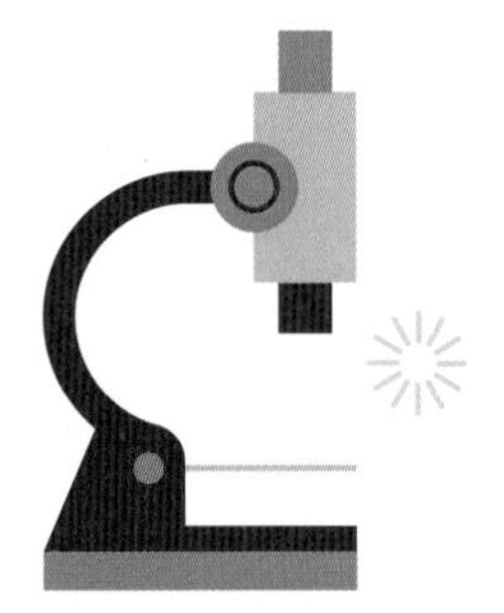

학교에서 '학습'으로 배우는 과학이 '실생활'에 응용되는 것은 쉽지 않습니다. 그러다 보니 과학적 사고력 및 탐구력은 학교 실험에서만 강조하는 과학적 역량이 되었고, 실생활에서 실제로 적용하고 응용하는 능력은 부족할 수밖에 없습니다. 이러한 현실에서 '신과람(신나는 과학을 만드는 사람들)'에서 활동중인 현직 과학 선생님들이 함께 모여 유아 및 초등생들을 위한 과학놀이 책을 출간한다는 소식은 너무나 반갑습니다.

이 책에서 소개하는 80가지 과학놀이들은 놀이 과정은 간단하지만 거기에 담긴 과학적 원리는 결코 가볍지 않습니다. 깊은 과학적 원리를 간단한 실험으로 이해하고 체험하게 할 뿐만 아니라 초등학교 과학 교육과정의 '압력', '세균', '연소', '기체의 성질', '고기압과 저기압' 등의 과학 개념들을 효과적으로 체득할 수 있게 합니다. 이 책은 아이들이 과학에 대한 흥미와 관심을 갖고 일상생활에서 과학적 탐구력을 키우며 학교 실험에 대한 이해를 높일 수 있도록 안내하는 훌륭한 생활과학 실험서가 될 거라고 생각합니다. 유초등 자녀를 둔 많은 학부모님들이 이 책과 더불어 신기하고 재미있는 과학 실험의 세계에 푹 빠져볼 수 있는 기회를 갖게 되기를 기대해 봅니다.

김지연 (서울초당초등학교 교사)

바깥놀이 시간이 적어지고 스마트폰 보유 연령이 낮아지면서 게임이나 미디어에 점점 빠져가는 아이들과 이를 통제하려는 엄마와의 갈등은 어느 집에서나 크나큰 난제 중의 하나입니다. 하지만 스마트폰이나 TV를 대체할 만한 놀이가 엄마인 저도 잘 떠오르지 않아 늘 고민이었습니다. 그런데 이 책에는 어느 집에서나 손쉽게 구할 수 있는 재료로 누구나 쉽게 할 수 있는 초간단 엄마표 과학놀이가 다양하게 수록되어 있고, 놀이마다 상세한 과학 설명도 함께 제시되어 있어 과알못 엄마도 별다른 준비 없이 따라 해 볼 수 있어 참 좋네요. 앞으로는 아이들에게 "스마트폰 그만해"라고 잔소리를 하는 대신 과학놀이를 함께 하며 재미도 느끼고 '왜 이럴까?'를 두고 자연스럽게 대화도 나눠봐야겠어요.

이현주 (초등 두 아들맘)

엄마 원진아 쌤

"세 아이를 키우다 보니 막내와 놀아준 시간이 부족했던 점이 늘 아쉬웠는데 이번 기회를 통해 막내와 신나게 놀 수 있어서 행복했습니다. 딸 윤혜는 요리를 좋아해서 요리사를 꿈꾸기도 하고, 만들고 그리는 걸 좋아해서 화가를 꿈꾸기도 하는 아이입니다. 그래서 놀이 주제는 아이가 좋아하는 요리와 만들기 위주로 고르고 이를 최대한 과학과 관련지어 활동을 꾸며 보았습니다. 그렇게 몇 달을 과학놀이를 하며 촬영하고 나니 아이는 부쩍 과학에 관심을 갖고, 이런저런 과학책도 많이 읽고, 궁금한 것은 관련 과학 동영상도 찾아보는 아이로 자라고 있습니다. 이 과정에서 저는 아이에게 엄마가 보여주는 세상이 얼마나 큰 영향을 주는지 새삼 깨닫게 되었습니다. 이번 책을 쓰면서 엄마와 함께한 추억이 아이의 성장에 소중한 밑거름이 되어 작은 일에도 호기심을 갖고 궁금해 하고 포기하지 않고 탐구하는 사람으로 자라주길 바라봅니다."

"엄마랑 슬라임도 만들고 과자집도 만들면서 함께 놀 수 있어서 너무 좋았어요!"

딸 나윤혜(10세)

"내가 그린 공룡 그림이 커다래져서 신기했어요!"

조카 나현우(6세)

엄마 권은경 쌤

"아이가 어렸을 때는 모든 질문에 정성껏 대답해주는 엄마였는데, 어느새 바쁘다는 핑계로 아이와 놀거나 대화하는 시간을 많이 갖지 못하던 차에 이 책을 쓰자는 제안을 받게 되었습니다. 처음 촬영을 시작할 때는 부끄러움이 많은 둘째 딸 유빈이는 손만 나오게 사진을 찍어달라고 하더니, 점차 놀이 횟수가 늘어날수록 너무 재미있어하며 스스로 책과 인터넷을 통해 본인이 하고 싶은 실험 주제와 방법을 찾아보고 더 좋은 아이디어까지 내며 적극적인 모습을 보여주었습니다. "엄마, 과학이 너무 재미있어요! 또 해요! 다음에는 어떤 실험을 할 거예요?"라며 호기심 넘치는 모습을 보여줘 엄마로서 너무 행복했습니다. 감정 표현이 풍부한 조카 하린이는 이모가 해주는 실험에 매번 놀라고 감탄하고 재미있어해서 준비한 보람을 느끼게 해주었습니다. 이 책을 쓰는 경험을 통해 과학이 살아있는 지식이 되려면 역시 직접 체험하는 놀이가 최고라는 걸 다시 한 번 확인할 수 있었습니다."

"너무 재미있었고 친구도 데리고 와서 같이 하고 싶었어요.
앞으로도 새로운 실험을 많이 하고 싶어요!"

딸 강유빈(9세)

조카 김하린(6세)

"너무 신기하고 마술 같은 것도 있어서 재미있었어요!"

엄마 서윤희 쌤

"과학놀이를 시작하기 전에는 엄마가 이것저것 알려줘야 하지 않을까란 생각을 했었습니다. 하지만 막상 놀이를 진행하며 지켜보니 "이렇게 해볼까?", "형아, 이건 어때?" 하며 엄마인 제가 해줘야 할 것 같은 말들을 아이들끼리 주고받는 모습을 보이더군요. 아이들과 놀이를 하면서 엄마의 역할은 아직 생각이 말랑말랑한 아이들이 자신의 생각을 맘껏 펼쳐볼 수 있도록 '판을 깔아주는 것'이었어요. 호기심, 창의력, 상상력이라는 다양한 이름으로 불리는 아이들의 '말랑말랑함'이 너무 빨리 굳지 않게 도와주는 것이죠. 이 책을 쓰는 동안 아이들의 대화 속에서 예상치 못한 반짝임을 찾을 수 있었고, 이 과정에서 엄마인 저도 아들 아인이와 아윤이에게 많은 것을 배울 수 있었습니다. 가족 및 친구들과 놀이를 함께하며 쌓은 소중한 추억과 경험이 앞으로 아이들이 넓은 세상으로 나아가 새롭고 신선한 경험을 하는 데 조금이나마 도움이 되길 기대해 봅니다."

아들 정아인(8세)

"다 재미있었는데 대기가 나무젓가락을 잡아주는 게 제일 신기했어요!"

아들 정아윤(5세)

"종이를 빼니까 달걀이 컵으로 쏙 들어가는 게 제일 재미있었어요!
그거 또 하고 싶어요!"

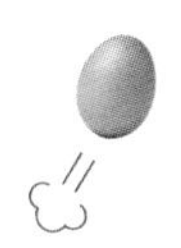

동네친구 홍유현(8세)

"엄마랑 이런 놀이를 하니까 너무 좋았어요.
놀이를 직접 만들어서 하니까 특별했고, 홀로그램이 제일 기억에 남아요."

조카 김서윤(8세)

"엄청 재미있었어요. 다른 다양한 놀이를 더 하고 싶어요."

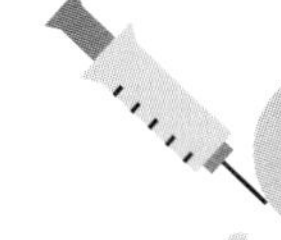

조카 김서율(6세)

"비닐장갑에 구멍을 내도 물이 새지 않는 게 너무 재미있었어요."

조카 송하은(8세)

"폭죽을 집에서 내가 간단히 만들 수 있어서 참 좋았어요."

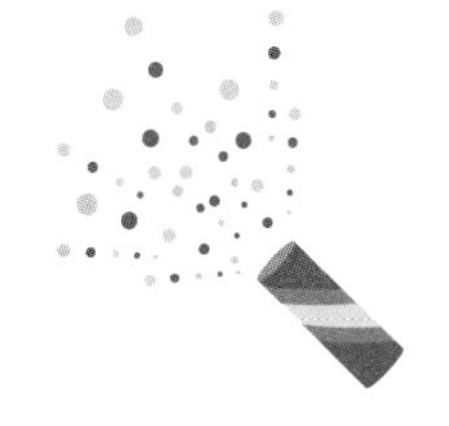

"세 아이와 함께 이 책에 들어갈 과학놀이를 함께 하며 질문의 중요성과 아이들의 무한한 가능성을 느낄 수 있었습니다. 아이들과 하는 작은 활동이라 할지라도 엄마가 옆에서 질문을 던지면서 조금만 도와주면 아이들은 스스로 사고할 수 있고 발전해 나간다는 것을 다시 한 번 깨닫는 계기가 되었습니다. 그리고 그 과정에서 아이들의 엉뚱발랄한 상상력과 무한한 가능성을 들여다보았습니다. 엄마와 함께 하는 활동으로 과학 원리를 접하면 아이들은 주변 현상에 대해 한층 호기심을 가지고 관찰하고 탐색하며 세상을 바라봅니다. 이 책에 제시된 과학놀이를 각 가정에서 함께 한다면 세상에 많은 아이들에게 과학은 어려운 것이 아니고 재미있는 과목으로 다가올 것이라 믿습니다."

"물속에 그림을 넣었는데 그림이 없어지니까
과학에 호기심이 생겼어요. 그리고 내가 좋아하는 두부랑 치즈를
만들어 먹는 것에도 과학이 숨겨져 있다니 정말 신기했어요."

"시간이 지날수록 그림자가 움직이면서 길이도 달라지는 게 신기했어요.
엄마랑 꽃이랑 잎을 관찰한 것도 좋았어요."

"엄마랑 같이 여러 가지 만들며 놀아서 좋았어요!
과학놀이 더 많이 해요. 난 더 열심히 할 수 있어요!"

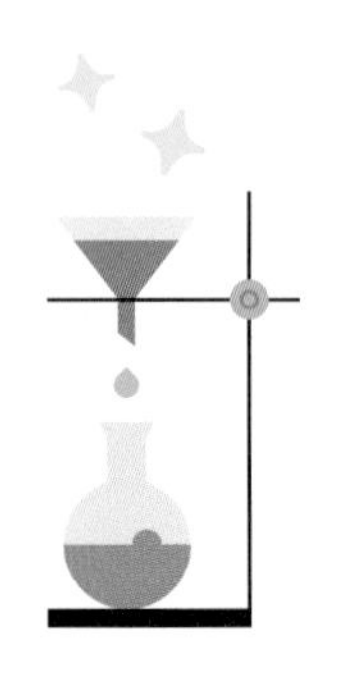

 * 아이들 연령은 촬영 당시 연령으로 표기하였습니다.

우리 집 과학놀이 기록표

★진행한 놀이는 체크 표시를 하며 기록해 봐요. 했던 놀이를 또 해도 재미있고 새로운 놀이에 도전해도 재미있어요.

번호	놀이		
01	계란판 위에 올라서기	☑	☐
02	내 손은 세균 천국	☐	☐
03	오렌지 조명	☐	☐
04	저절로 커지는 풍선	☐	☐
05	아슬아슬 비닐 뚫기	☐	☐
06	풍선에 요구르트병 붙이기	☐	☐
07	종이 빼기 마술	☐	☐
08	5분 완성 아이스크림	☐	☐
09	젓가락으로 병 들기	☐	☐
10	보글보글 라바램프	☐	☐
11	나무젓가락 부러뜨리기	☐	☐
12	공책 줄다리기	☐	☐
13	빨래집게 대포	☐	☐
14	컵 속에 달걀 넣기	☐	☐
15	내 눈앞에 무지개	☐	☐
16	벌레들의 경주	☐	☐
17	휴지심 폭죽	☐	☐
18	상자에 무엇이 있을까?	☐	☐
19	미니 프로젝터	☐	☐
20	대형 비눗방울 만들기	☐	☐
21	거꾸로 올라가는 물	☐	☐
22	채워지지 않는 컵	☐	☐
23	그림이 사라져요	☐	☐
24	공중에 뜨는 그림	☐	☐
25	빙글빙글 자석 장난감	☐	☐
26	풍선 호버크래프트	☐	☐
27	뱀들의 댄스 배틀	☐	☐
28	적양배추 지시약 만들기	☐	☐
29	마시멜로의 변신	☐	☐
30	거울 속 숨은그림찾기	☐	☐
31	스스로 꺼지는 촛불	☐	☐
32	페트병 잠수부 놀이	☐	☐
33	무지개 착시 팽이	☐	☐
34	두근두근 화산 폭발	☐	☐
35	좌우가 바뀌는 그림	☐	☐
36	힘이 센 정전기 풍선	☐	☐
37	우유 마블링 만들기	☐	☐
38	그림 합치기 마술	☐	☐
39	드라이아이스 비눗방울	☐	☐
40	3D 홀로그램 만들기	☐	☐
41	페트병 스노우볼 만들기	☐	☐
42	유리컵 실로폰	☐	☐
43	비닐봉지 낙하산	☐	☐
44	알록달록 그림자	☐	☐
45	숨은그림찾기	☐	☐
46	풍선 달리기 시합	☐	☐
47	드라이어 그림	☐	☐
48	키친타월 무지개꽃	☐	☐
49	포물선 투호 놀이	☐	☐
50	휴지심 오뚝이	☐	☐
51	동전 닦기 챌린지	☐	☐
52	내 발 자전거	☐	☐
53	도화지 인체 탐험	☐	☐
54	폐 모형 만들기	☐	☐
55	무게 중심 찾기 놀이	☐	☐
56	자석 낚시놀이	☐	☐
57	우리 가족 지문나무	☐	☐
58	물 위에 그림 띄우기	☐	☐
59	슬라임 만들기	☐	☐
60	증강현실 만들기	☐	☐
61	햇빛으로 구멍 뚫기	☐	☐
62	그림자도 움직여요	☐	☐
63	과일 씨 탐험	☐	☐
64	울긋불긋 배추 괴물	☐	☐
65	투명 꽃 액자	☐	☐
66	솔방울 가습기	☐	☐
67	나뭇잎 접시	☐	☐
68	단풍잎 아트	☐	☐
69	내 손으로 만드는 구름	☐	☐
70	돌멩이 예술가	☐	☐
71	10층 돌탑 쌓기	☐	☐
72	토마토와 포도가 동동	☐	☐
73	계란 탱탱볼 만들기	☐	☐
74	과자집 건축가	☐	☐
75	젤리로 젤리 만들기	☐	☐
76	추억의 달고나 만들기	☐	☐
77	새콤달콤 레몬청	☐	☐
78	반짝반짝 보석 사탕	☐	☐
79	코티지 치즈 만들기	☐	☐
80	몽글몽글 두부 만들기	☐	☐

아이와 엄마가 모두 과학이 좋아지는 기적이 우리 집에 찾아와요!

4명의 과학교사맘들이 자녀들과 집에서 활동하는 80개 과학놀이 대공개!

"과학 선생님들은 자녀에게 어떻게 과학을 접하게 해 주나요?"라는 질문에서 시작된 이 책은 서울경기지역 과학교사모임인 '신나는 과학을 만드는 사람들(신과람)'에서 활동중인 현직 과학교사인 4명의 엄마들이 함께 모여 집필했습니다. 놀이의 선정에서 촬영까지 13명의 아이들이 함께하며 유초등 아이들의 눈높이와 흥미에 맞도록 내용을 검토하고 구성하였습니다.

값비싼 과학교구나 특별한 준비물 없이도 매일매일 과학으로 놀 수 있어요!

'과학놀이'나 '과학실험'이라고 하면 현미경, 에어로켓, 과학상자 같은 과학교구만 떠올리시나요? 집안이나 주변에 흔히 있는 종이컵, 공책, 페트병, 돌멩이, 솔방울로도 매일매일 과학을 즐길 수 있어요. 계란판 위에 올라서고, 공책으로 줄다리기를 하고, 오렌지 껍질로 조명을 만들고, 페트병으로 구름을 만들며 놀면 일상이 과학이 됩니다.

이 책 한 권이면 초등 교과서 속 과학실험이 쉽고 재미있어집니다!

초등 과학을 준비하기 위해 과학전집이나 과학만화를 읽히지만, 원리 이해 없이 익히는 과학 지식은 오래 가지 않으며 자칫 과학은 지루한 것이라는 선입견을 심어줄 수도 있습니다. 반면 '놀이'와 '실험'을 통해 과학을 접하면 과학 원리를 금방 이해하고 초등 과학 수업에도 자신감 있게 임할 수 있게 됩니다.

"스마트폰 그만해"라는 말 대신 아이와 소중한 추억을 쌓으세요!

아이와 매일 스마트폰 실랑이하기 힘드시죠? 이 책에는 집에 있는 재료로 쉽게 할 수 있는 초간단 과학놀이가 상세한 과학 설명과 함께 제시되어 있어 과알못 엄마도 쉽게 따라 해 볼 수 있습니다. 아이들에게 "스마트폰 그만해"라고 잔소리하는 대신 과학놀이를 함께 하며 과학하는 눈과 마음을 기르고 소중한 추억도 쌓아 보세요.

실험 전과 실험 후에 호기심을 갖고 생각해요

과학자의 가장 중요한 자질은 '어떻게 될까?', '왜 그럴까?'를 질문하는 마음입니다. 질문하는 마음을 갖고 과학놀이를 진행하다 보면 어느새 아이는 주변 환경을 관찰하는 능력과 좀 더 과학적으로 탐구하는 습관을 갖게 될 거예요.

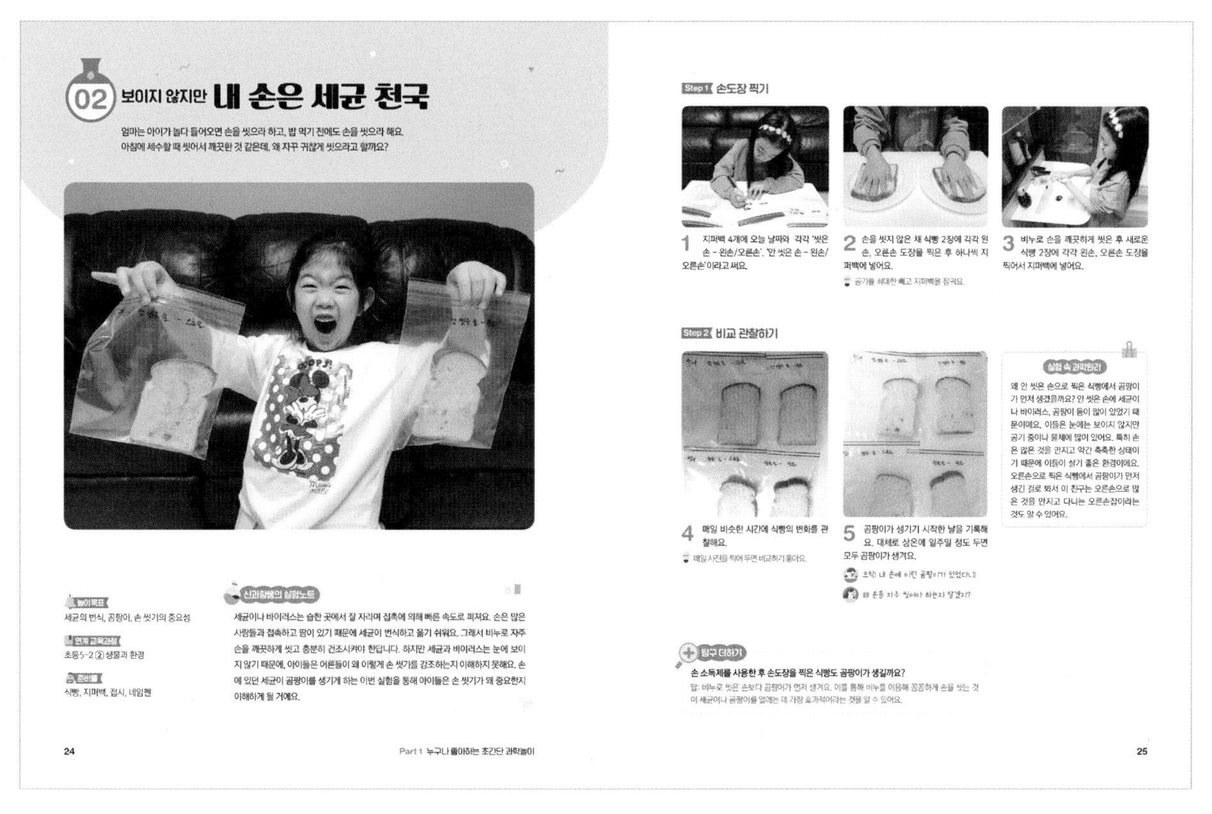

02 보이지 않지만 **내 손은 세균 천국**

엄마는 아이가 놀다 들어오면 손을 씻으라 하고, 밥 먹기 전에도 손을 씻으라 해요.
아침에 세수할 때 씻어서 깨끗한 것 같은데, 왜 자꾸 귀찮게 씻으라고 할까요?

놀이목표
세균의 번식, 곰팡이, 손 씻기의 중요성

연계 교육과정
초등5-2 ② 생물과 환경

준비물
식빵, 지퍼백, 접시, 네임펜

신과람쌤의 실험노트
세균이나 바이러스는 습한 곳에서 잘 자라며 접촉에 의해 빠른 속도로 퍼져요. 손은 많은 사람들과 접촉하고 땀이 있기 때문에 세균이 번식하고 옮기 쉬워요. 그래서 비누로 자주 손을 깨끗하게 씻고 충분히 건조시켜야 한답니다. 하지만 세균과 바이러스는 눈에 보이지 않기 때문에, 아이들은 어른들이 왜 이렇게 손 씻기를 강조하는지 이해하지 못해요. 손에 있던 세균이 곰팡이를 생기게 하는 이번 실험을 통해 아이들은 손 씻기가 왜 중요한지 이해하게 될 거예요.

24 Part 1 누구나 좋아하는 초간단 과학놀이

Step 1 손도장 찍기

1 지퍼백 4개에 오늘 날짜와 각각 '씻은 손 – 왼손/오른손', '안 씻은 손 – 왼손/오른손'이라고 써요.

2 손을 씻지 않은 채 식빵 2장에 각각 왼손, 오른손 도장을 찍은 후 하나씩 지퍼백에 넣어요.
공기를 최대한 빼고 지퍼백을 잠궈요.

3 비누로 손을 깨끗하게 씻은 후 새로운 식빵 2장에 각각 왼손, 오른손 도장을 찍어서 지퍼백에 넣어요.

Step 2 비교 관찰하기

4 매일 비슷한 시간에 식빵의 변화를 관찰해요.
매일 사진을 찍어 두면 비교하기 좋아요.

5 곰팡이가 생기기 시작한 날을 기록해요. 대체로 상온에 일주일 정도 두면 모두 곰팡이가 생겨요.
으악! 내 손에 이런 곰팡이가 있었다니!
왜 손을 자주 씻어야 하는지 알겠지?

실험 속 과학원리
왜 안 씻은 손으로 찍은 식빵에서 곰팡이가 먼저 생겼을까요? 안 씻은 손에 세균이나 바이러스, 곰팡이 등이 많이 있었기 때문이에요. 이들은 눈에는 보이지 않지만 공기 중이나 물체에 많이 있어요. 특히 손은 많은 것을 만지고 약간 촉촉한 상태이기 때문에 이들이 살기 좋은 환경이에요. 오른손으로 찍은 식빵에서 곰팡이가 먼저 생긴 걸로 봐서 이 친구는 오른손으로 많은 것을 만지고 다니는 오른손잡이라는 것도 알 수 있어요.

탐구 더하기
손 소독제를 사용한 후 손도장을 찍은 식빵도 곰팡이가 생길까요?
답: 비누로 씻은 손보다 곰팡이가 먼저 생겨요. 이를 통해 비누를 이용해 꼼꼼하게 손을 씻는 것이 세균이나 곰팡이를 없애는 데 가장 효과적이라는 것을 알 수 있어요.

25

놀이 목표
해당 놀이를 통해 익히게 되는 과학 원리와 개념을 소개합니다.

연계 교육과정
해당 놀이와 연계되어 있는 초등 과학 교육과정을 제시합니다.

신과람쌤의 실험노트
해당 놀이를 통해 익히게 되는 과학 원리와 개념을 설명하는 코너입니다. 엄마가 읽고 아이에게 설명해 줘도 좋고, 아이와 함께 큰 소리로 읽어봐도 좋아요.

대화 예시
놀이 과정에서 엄마가 아이에게 질문하거나 호기심을 자극할 수 있는 대화의 예시가 제시되어 있습니다.

실험 속 과학원리
실험노트에서 소개한 과학원리를 좀 더 상세히 설명합니다. 실험 과정에서 궁금했던 과학 원리를 보다 깊이 있게 이해할 수 있게 도와줍니다.

놀이 더하기 / 탐구 더하기
본문에 제시된 놀이를 응용하여 해 볼 수 있는 '놀이 더하기'와 탐구 과정을 확장해 볼 수 있는 '탐구 더하기'가 추가로 제공됩니다.

차례

누구나 좋아하는 초간단 과학놀이

02 PART

마법일까 과학일까 신기한 과학놀이

원리를 찾아라 호기심 과학놀이

오감으로 익히는 자연&요리 놀이

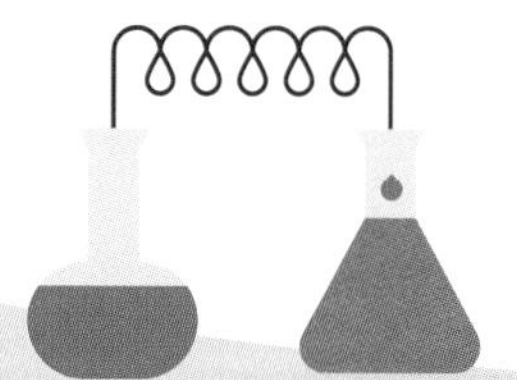

초등 과학 교과 연계표

	놀이	연계 교육과정
	Part 1 누구나 좋아하는 초간단 과학놀이	
1	계란판 위에 올라서기	초등4-1 ④ 물체의 무게
2	내 손은 세균 천국	초등5-2 ② 생물과 환경
3	오렌지 조명	초등6-2 ③ 연소와 소화
4	저절로 커지는 풍선	초등3-1 ② 물질의 성질 초등6-1 ③ 여러 가지 기체
5	아슬아슬 비닐 뚫기	초등3-1 ② 물질의 성질
6	풍선에 요구르트병 붙이기	초등5-2 ③ 날씨와 우리 생활 초등6-1 ③ 여러 가지 기체
7	종이 빼기 마술	초등5-2 ④ 물체의 운동
8	5분 완성 아이스크림	초등3-2 ④ 물질의 상태 초등4-2 ② 물의 상태 변화
9	젓가락으로 병 들기	초등5-2 ④ 물체의 운동
10	보글보글 라바램프	초등3-1 ② 물질의 성질
11	나무젓가락 부러뜨리기	초등5-2 ③ 날씨와 우리 생활 초등6-1 ③ 여러 가지 기체
12	공책 줄다리기	초등5-2 ④ 물체의 운동
13	빨래집게 대포	초등3-1 ② 물질의 성질
14	컵 속에 달걀 넣기	초등5-2 ④ 물체의 운동
15	내 눈앞에 무지개	초등6-1 ⑤ 빛과 렌즈
16	벌레들의 경주	초등3-1 ② 물질의 성질
17	휴지심 폭죽	초등3-1 ② 물질의 성질
18	상자에 무엇이 있을까?	초등4-1 ① 과학자처럼 탐구해 볼까요?
19	미니 프로젝터	초등4-2 ③ 그림자와 거울
20	대형 비눗방울 만들기	초등3-1 ② 물질의 성질
	Part 2 마법일까 과학일까 신기한 과학놀이	
21	거꾸로 올라가는 물	초등5-1 ② 온도와 열
22	채워지지 않는 컵	초등3-2 ④ 물질의 상태
23	그림이 사라져요	초등6-1 ⑤ 빛과 렌즈
24	공중에 뜨는 그림	초등3-1 ④ 자석의 이용
25	빙글빙글 자석 장난감	초등3-1 ④ 자석의 이용
26	풍선 호버크래프트	초등3-2 ④ 물질의 상태 초등5-2 ④ 물체의 운동
27	뱀들의 댄스 배틀	초등3-2 ⑤ 소리의 성질
28	적양배추 지시약 만들기	초등5-2 ⑤ 산과 염기
29	마시멜로의 변신	초등6-1 ③ 여러 가지 기체
30	거울 속 숨은그림찾기	초등4-2 ③ 그림자와 거울
31	스스로 꺼지는 촛불	초등6-1 ③ 여러 가지 기체 초등6-2 ③ 연소와 소화
32	페트병 잠수부 놀이	초등4-1 ④ 물체의 무게 초등5-2 ④ 물체의 운동
33	무지개 착시 팽이	초등6-1 ⑤ 빛과 렌즈
34	두근두근 화산 폭발	초등3-1 ② 물질의 성질 초등6-1 ③ 여러 가지 기체
35	좌우가 바뀌는 그림	초등6-1 ⑤ 빛과 렌즈
36	힘이 센 정전기 풍선	초등6-2 ① 전기의 이용
37	우유 마블링 만들기	초등3-1 ② 물질의 성질
38	그림 합치기 마술	초등6-2 ④ 우리 몸의 구조와 기능
39	드라이아이스 비눗방울	초등4-2 ② 물의 상태 변화 초등6-1 ③ 여러 가지 기체
40	3D 홀로그램 만들기	초등4-2 ③ 그림자와 거울

	놀이	연계 교육과정
	Part 3 원리를 찾아라 호기심 과학놀이	
41	페트병 스노우볼 만들기	초등3-1 ② 물질의 성질 초등6-1 ⑤ 빛과 렌즈
42	유리컵 실로폰	초등3-2 ⑤ 소리의 성질
43	비닐봉지 낙하산	초등5-2 ④ 물체의 운동
44	알록달록 그림자	초등4-2 ③ 그림자와 거울
45	숨은그림찾기	초등3-2 ② 동물의 생활
46	풍선 달리기 시합	초등5-2 ④ 물체의 운동
47	드라이어 그림	초등3-2 ④ 물질의 상태
48	키친타월 무지개꽃	초등4-1 ⑤ 혼합물의 분리
49	포물선 투호 놀이	초등5-2 ④ 물체의 운동
50	휴지심 오뚝이	초등4-1 ④ 물체의 무게
51	동전 닦기 챌린지	초등5-2 ⑤ 산과 염기
52	내 발 자전거	초등3-1 ① 과학자는 어떻게 탐구할까요?
53	도화지 인체 탐험	초등6-2 ④ 우리 몸의 구조와 기능
54	폐 모형 만들기	초등6-2 ④ 우리 몸의 구조와 기능
55	무게 중심 찾기 놀이	초등4-1 ④ 물체의 무게
56	자석 낚시놀이	초등3-1 ④ 자석의 이용
57	우리 가족 지문나무	초등6-2 ④ 우리 몸의 구조와 기능
58	물 위에 그림 띄우기	초등3-1 ② 물질의 성질
59	슬라임 만들기	초등3-1 ② 물질의 성질
60	증강현실 만들기	초등4-2 ③ 그림자와 거울
	Part 4 오감으로 익히는 자연&요리 놀이	
61	햇빛으로 구멍 뚫기	초등6-1 ⑤ 빛과 렌즈
62	그림자도 움직여요	초등4-2 ③ 그림자와 거울 초등6-1 ② 지구와 달의 운동
63	과일 씨 탐험	초등4-2 ① 식물의 생활
64	울긋불긋 배추 괴물	초등4-1 ③ 식물의 한살이
65	투명 꽃 액자	초등4-2 ① 식물의 생활
66	솔방울 가습기	초등4-2 ① 식물의 생활 초등5-2 ③ 날씨와 우리 생활
67	나뭇잎 접시	초등4-2 ① 식물의 생활
68	단풍잎 아트	초등4-2 ① 식물의 생활
69	내 손으로 만드는 구름	초등4-2 ② 물의 상태 변화 초등5-2 ③ 날씨와 우리 생활
70	돌멩이 예술가	초등4-1 ② 지층과 화석 초등4-2 ④ 화산과 지진
71	10층 돌탑 쌓기	초등4-1 ④ 물체의 무게 초등4-1 ② 지층과 화석
72	토마토와 포도가 동동	초등5-1 ④ 용해와 용액
73	계란 탱탱볼 만들기	초등3-1 ② 물질의 성질 초등5-2 ⑤ 산과 염기
74	과자집 건축가	초등3-2 ④ 물질의 상태
75	젤리로 젤리 만들기	초등3-1 ② 물질의 성질
76	추억의 달고나 만들기	초등3-1 ② 물질의 성질
77	새콤달콤 레몬청	초등3-1 ② 물질의 성질
78	반짝반짝 보석 사탕	초등5-1 ④ 용해와 용액
79	코티지 치즈 만들기	초등3-1 ② 물질의 성질 초등4-1 ⑤ 혼합물의 분리
80	몽글몽글 두부 만들기	초등3-1 ② 물질의 성질 초등4-1 ⑤ 혼합물의 분리

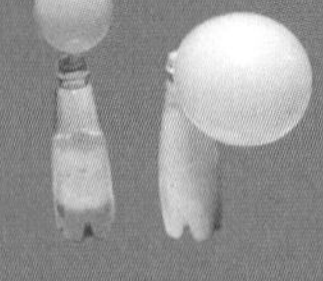

과학을 좋아하는 아이로 키우고 싶으세요?

그럼 과학이 정말 재미있다는 것을 아이가 직접 경험하게 해 주세요.

'계란판 위에 올라서기', '저절로 커지는 풍선', '아슬아슬 비닐 뚫기' 등

아이라면 누구나 좋아하는 쉽고 간단한 과학놀이들을 소개합니다.

Part 1

누구나 좋아하는 초간단 과학놀이

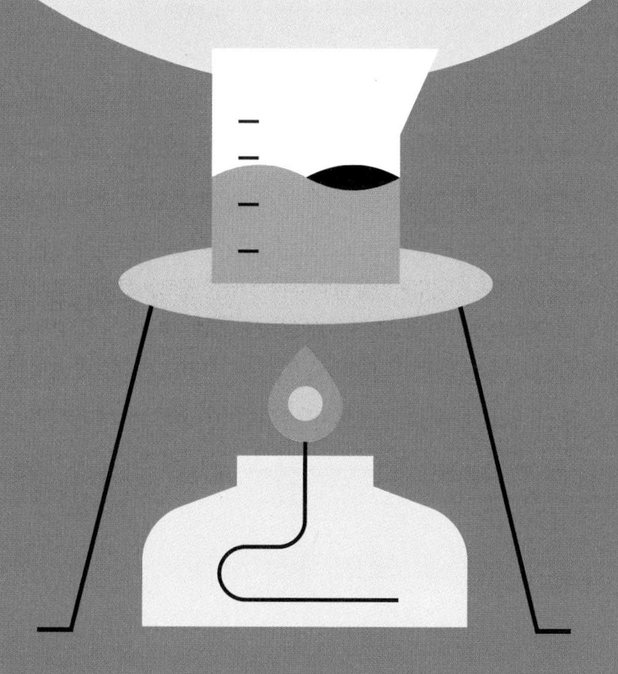

01 아치형의 비밀 계란판 위에 올라서기

계란은 쉽게 깨진다고 알고 있지요? 그런데 마트의 계란은 층층이 쌓여 있는데도 깨지지 않아요.
심지어 우리가 올라가도 안 깨진다고 해요. 어떻게 이게 가능할까요?

놀이목표

힘의 분산, 아치형 구조물

연계 교육과정

초등4-1 ④ 물체의 무게

준비물

계란 한 판, 일회용 접시, 물티슈

신과람쌤의 실험노트

계란을 한 손으로 깨 본 적이 있나요? 두 손으로 깰 때보다 무척 힘들어요. 이것은 계란 모양이 아치형으로 생겼기 때문이에요. 아치형은 위에 올려놓은 물체의 무게를 골고루 분산시켜 안정적으로 지탱해 주기 때문에 쉽게 무너지거나 깨지지 않는답니다. 하지만 힘이 분산되지 않고 한곳에 집중되면 버티지 못하고 무너지거나 깨지게 돼요. 그래서 계란을 그릇 모서리에 치면 쉽게 깨지는 거예요.

Step 1 계란 한 개 깨기

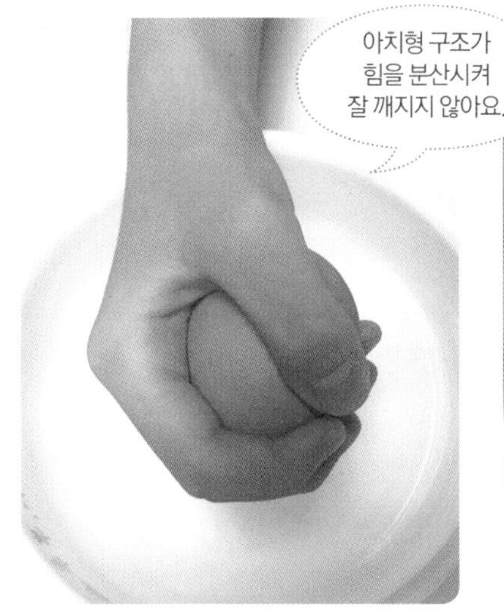

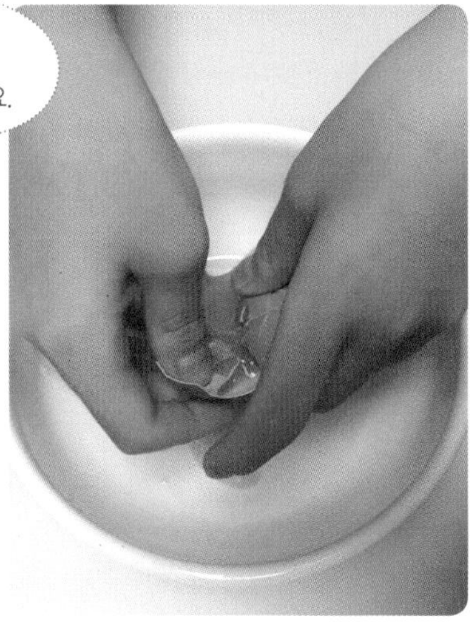

1 계란 한 개를 손에 쥐고 힘을 줘 보세요. 온 가족이 다 같이 해 보세요.

힘을 많이 줬는데도 안 깨져요.

그럼 양손으로 해 볼까?

2 계란이 깨질 수 있는 방법을 생각해 보세요.

계란 프라이를 할 때는 어떻게 깼지?

한 부분에 강한 힘을 주면 잘 깨져요.

3 두 개의 일회용 접시에 계란을 한 개씩 놓고 그 위에 올라서 보세요.

손으로 잘 안 깨졌으니 발로 밟아도 안 깨질까?

Step 2 계란판 위에 올라서기

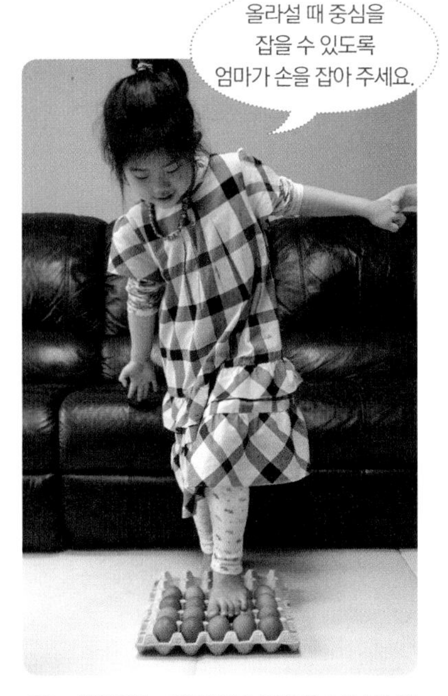

4 계란 두 개를 계란판에 간격을 두고 놓습니다. 계란이 발바닥 중앙에 오게 한 후 계란을 밟고 올라서 보세요.

5 이번에는 계란판에 계란을 넉넉히 채운 후 올라서 봐요. 얼마만큼 견디는지 다른 가족도 올라가 볼까요?

실험 속 과학원리

계란을 접시 위에 놓고 밟으면 깨지지만, 계란판에 놓고 밟으면 계란판 구멍도 아치형 구조여서 힘이 분산되어 깨지지 않아요. 또한 계란판에 계란을 많이 넣고 올라가면 한 개의 계란이 받치는 무게가 훨씬 적어져서 깨지지 않고 더 잘 버텨요.
옛날에 지어진 다리나 유럽의 성당 천장, 농촌에 지어진 비닐하우스를 보면 반원 모양인 아치형으로 되어 있어요. 우산을 펼친 모양도 아치형이고, 심지어 우리 발바닥 모양도 가운데가 움푹 들어간 아치형으로 생겼어요. 이는 모두 무게를 분산시키기 위한 생김새랍니다.

02 보이지 않지만 내 손은 세균 천국

엄마는 아이가 놀다 들어오면 손을 씻으라 하고, 밥 먹기 전에도 손을 씻으라 해요.
아침에 세수할 때 씻어서 깨끗한 것 같은데, 왜 자꾸 귀찮게 씻으라고 할까요?

놀이목표

세균의 번식, 곰팡이, 손 씻기의 중요성

연계 교육과정

초등5-2 ② 생물과 환경

준비물

식빵, 지퍼백, 접시, 네임펜

신과람쌤의 실험노트

세균이나 바이러스는 습한 곳에서 잘 자라며 접촉에 의해 빠른 속도로 퍼져요. 손은 많은 사람들과 접촉하고 땀이 있기 때문에 세균이 번식하고 옮기 쉬워요. 그래서 비누로 자주 손을 깨끗하게 씻고 충분히 건조시켜야 한답니다. 하지만 세균과 바이러스는 눈에 보이지 않기 때문에, 아이들은 어른들이 왜 이렇게 손 씻기를 강조하는지 이해하지 못해요. 손에 있던 세균이 곰팡이를 생기게 하는 이번 실험을 통해 아이들은 손 씻기가 왜 중요한지 이해하게 될 거예요.

Step 1 손도장 찍기

1 지퍼백 4개에 오늘 날짜와 각각 '씻은 손 – 왼손/오른손', '안 씻은 손 – 왼손/오른손'이라고 써요.

2 손을 씻지 않은 채 식빵 2장에 각각 왼손, 오른손 도장을 찍은 후 하나씩 지퍼백에 넣어요.

공기를 최대한 빼고 지퍼백을 잠궈요.

3 비누로 손을 깨끗하게 씻은 후 새로운 식빵 2장에 각각 왼손, 오른손 도장을 찍어서 지퍼백에 넣어요.

Step 2 비교 관찰하기

4 매일 비슷한 시간에 식빵의 변화를 관찰해요.

매일 사진을 찍어 두면 비교하기 좋아요.

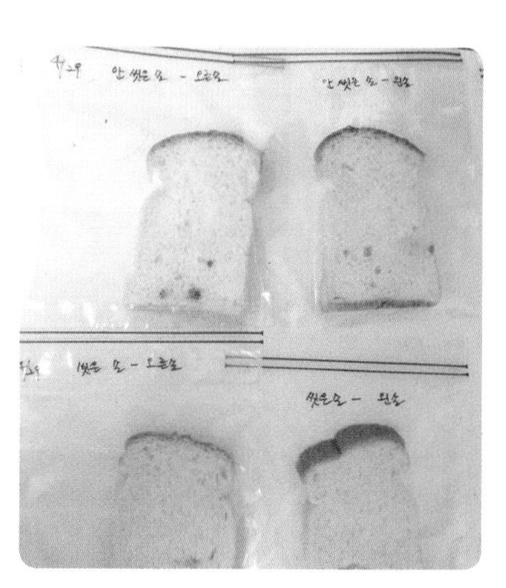

5 곰팡이가 생기기 시작한 날을 기록해요. 대체로 상온에 일주일 정도 두면 모두 곰팡이가 생겨요.

으악! 내 손에 이런 곰팡이가 있었다니!

왜 손을 자주 씻어야 하는지 알겠지?

실험 속 과학원리

왜 안 씻은 손으로 찍은 식빵에서 곰팡이가 먼저 생겼을까요? 안 씻은 손에 세균이나 바이러스, 곰팡이 등이 많이 있었기 때문이에요. 이들은 눈에는 보이지 않지만 공기 중이나 물체에 많이 있어요. 특히 손은 많은 것을 만지고 약간 축축한 상태이기 때문에 이들이 살기 좋은 환경이에요. 오른손으로 찍은 식빵에서 곰팡이가 먼저 생긴 걸로 봐서 이 친구는 오른손으로 많은 것을 만지고 다니는 오른손잡이라는 것도 알 수 있어요.

탐구 더하기

손 소독제를 사용한 후 손도장을 찍은 식빵도 곰팡이가 생길까요?

답: 비누로 씻은 손보다 곰팡이가 먼저 생겨요. 이를 통해 비누를 이용해 꼼꼼하게 손을 씻는 것이 세균이나 곰팡이를 없애는 데 가장 효과적이라는 것을 알 수 있어요.

03 향긋하게 어둠을 밝히는 오렌지 조명

오렌지를 먹은 후 조명을 만들어 어둠을 밝혀 보세요. 오렌지 심지에 불을 붙여서 양초처럼 사용하거나 모양낸 뚜껑을 덮어서 은은한 조명으로 사용할 수 있어요.

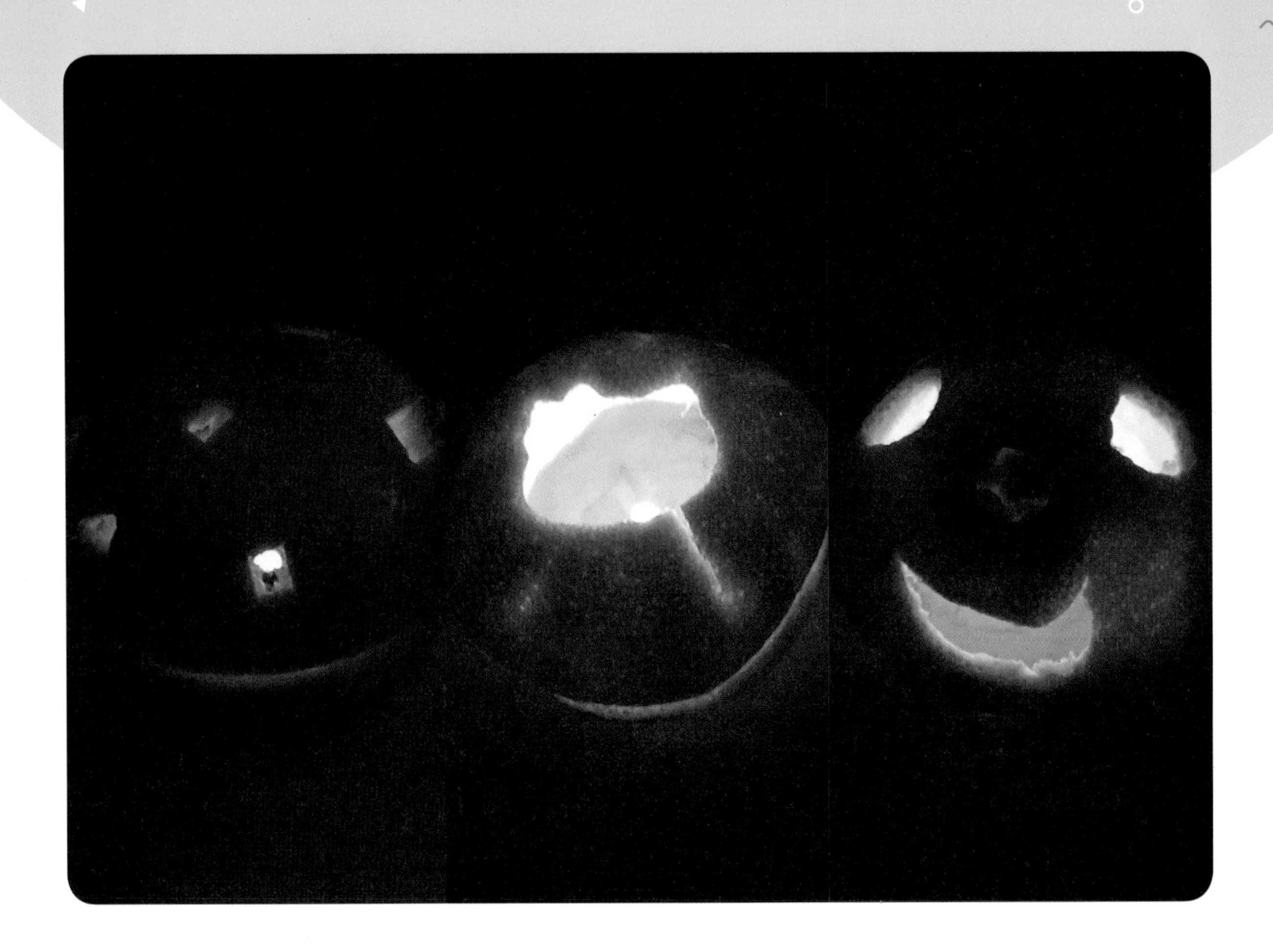

놀이목표

과육의 생김새, 연소

연계 교육과정

초등6-2 ③ 연소와 소화

준비물

오렌지, 숟가락, 칼, 쿠키 커터, 올리브유, 라이터

신과람쌤의 실험노트

집에서 즐겨 먹는 오렌지를 이용하면 양초 없이도 불을 켤 수 있어요. 오렌지 속 심지를 연소시켜서 빛과 열, 그리고 에너지를 얻을 수 있지요. 이렇게 식물을 태워 에너지를 얻는 것은 '바이오 에너지'의 일종이에요. 또 운향과에 속하는 오렌지는 향이 강해요. 모기가 많은 여름에 이런 과일 껍질을 태우면, 시트로넬랄이라는 성분이 나와서 모기를 쫓는 효과가 있답니다. 불을 사용하는 만큼 안전에 주의하면서 멋진 조명을 만들어 봐요.

1 오렌지를 반으로 자른 후 숟가락으로 과육을 제거해요. 이때 가운데 심지가 남도록 하고, 과육이 터지지 않아야 해요.

겉에 꼭지처럼 생긴 부분의 안쪽에 심지가 있어요.

2 나머지 반쪽의 과육도 모두 제거해요. 심지가 없는 쪽 껍질은 뚜껑으로 사용할 거예요.

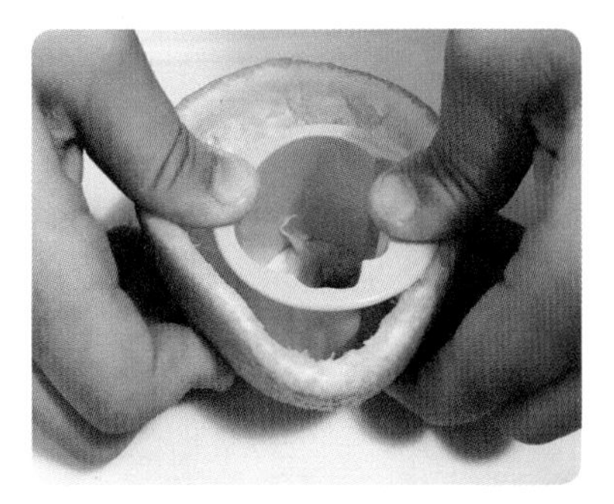

3 쿠키 커터 등을 이용해 심지가 없는 쪽 껍질에 네모, 세모 등의 모양을 내요.

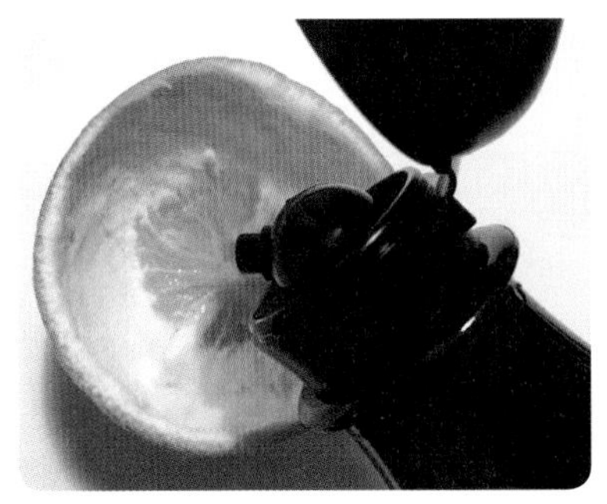

4 심지가 있는 오렌지 껍질 안에 올리브유를 부어요.

심지가 기름에 충분히 젖도록 심지에 기름을 부어요.

5 라이터로 심지 끝에 불을 붙여요. 불이 잘 붙지 않으면 심지 끝을 여러 번 태워 주세요. 불은 부모님이 붙여 주세요.

양초처럼 이 상태로 사용해도 돼요.

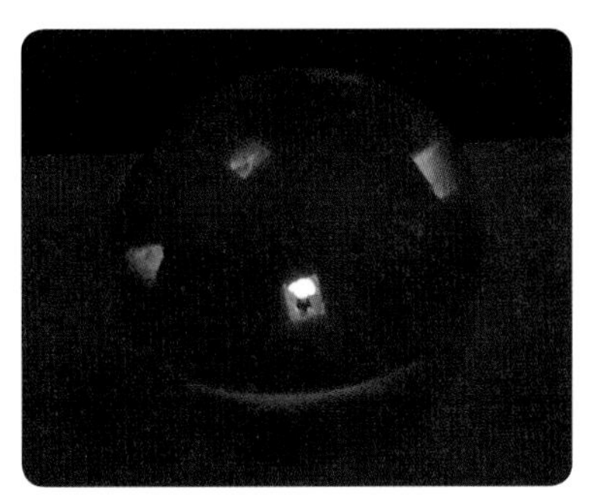

6 불을 켠 후 모양을 낸 오렌지 껍질을 위에 덮어요. 멋진 오렌지 조명이 됩니다.

탐구 더하기

가족과 함께 각자의 오렌지 조명을 하나씩 만든 후, 기름의 양을 다르게 하거나 심지의 두께를 다르게 하여 어떤 조명이 가장 오래 켜지는지 탐구해 보세요.

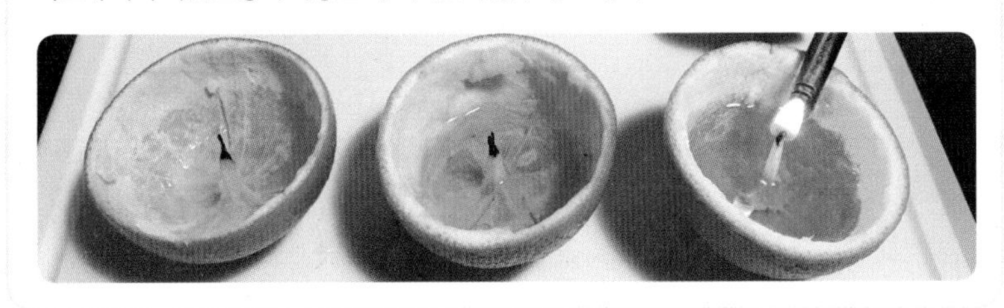

04 바람을 넣지 않아도 저절로 커지는 풍선

풍선을 불려면 손펌프나 입으로 공기를 넣어야 하는데, 둘 다 사용하지 않고도 풍선을 부풀게 하는 방법이 있어요. 주방에서 쉽게 구할 수 있는 재료 하나면 된답니다.

놀이목표

식초와 베이킹소다의 화학 반응, 이산화탄소의 성질

연계 교육과정

초등3-1 ② 물질의 성질
초등6-1 ③ 여러 가지 기체

준비물

베이킹소다, 식초, 풍선 3개, 작은 페트병 3개, 손펌프, 깔때기, 물감, 초, 숟가락, 쟁반, 라이터, 비닐 장갑

신과람쌤의 실험노트

불을 끌 때 사용하는 소화기에는 이산화탄소가 들어 있어요. 이산화탄소가 일반 공기보다 무거워서 산소를 차단해 불을 끄는 원리예요. 탄산 음료를 처음 열 때 '칙~' 하고 빠져나가고, 마실 때 톡 쏘는 느낌이 들게 하는 것도 바로 이산화탄소예요. 이산화탄소는 동물이나 식물이 숨 쉴 때 나오는 기체이기도 해요. 베이킹소다와 식초를 섞어서 직접 이산화탄소를 만들어 봐요. 이렇게 만든 이산화탄소가 풍선을 부풀게 하면 이를 이용해 불도 꺼 보세요.

1 색이 다른 풍선 3개를 손펌프를 이용해 늘려 놓아요.

미리 늘려 놓지 않으면 실험할 때 잘 부풀지 않아요.

2 풍선 입구에 깔때기를 꽂은 후 비닐 장갑을 끼고 베이킹소다를 넣어요. 이때 풍선마다 베이킹소다의 양을 다르게 넣어요.

3 페트병 3개에 각각 다른 색의 물감을 넣은 후 식초를 1/4 정도 부어요.

식초를 너무 많이 넣으면 반응하면서 넘칠 수 있어요.

4 식초가 든 페트병 입구에 풍선을 씌워요. 베이킹소다가 쏟아지지 않도록 주의하고, 틈이 생기지 않게 꽉 씌워요.

5 카운트다운을 한 다음 풍선을 세워서 베이킹소다가 페트병 안으로 들어가게 해요.

어느 풍선이 가장 많이 부풀어 올랐어?

베이킹소다를 가장 많이 넣은 풍선이요. 터질 것 같아요!

6 초에 불을 붙여요. 가장 크게 부푼 풍선을 기체가 빠져 나가지 않게 조심히 병에서 뺀 후, 촛불을 향해 풍선 속 기체를 내보내요.

불이 꺼져요!

이산화탄소 때문에 불이 꺼지는 거야. 베이킹소다와 식초가 만나서 이산화탄소가 생겼거든.

탐구 더하기

이산화탄소가 들어 있는 풍선의 입구를 묶고, 또 다른 풍선에 손펌프로 공기를 넣어요. 두 풍선을 동시에 떨어뜨리면 어느 것이 먼저 떨어질까요?

답: 이산화탄소가 공기보다 무겁기 때문에 이산화탄소가 들어 있는 풍선이 먼저 떨어져요.

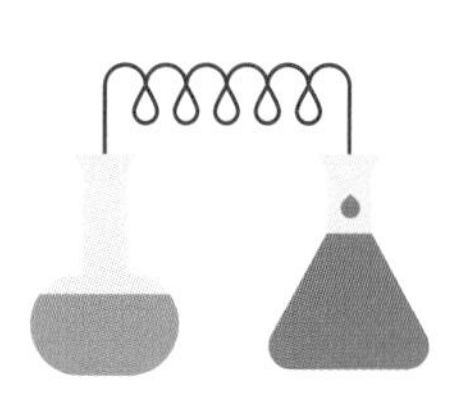

05 날카로운 연필로 쑥! 아슬아슬 비닐 뚫기

물을 가득 담은 비닐봉지에 뾰족한 연필을 꽂으면 어떻게 될까요? 비닐이 펑 하고 터질까요? 아니면 물이 줄줄 흘러 나올까요? '하나, 둘, 셋!' 하고 과감하게 꽂아 보세요.

놀이목표

비닐의 성질, 예상하고 관찰하기

연계 교육과정

초등3-1 ② 물질의 성질

준비물

지퍼백, 비닐장갑, 검정 비닐봉투, 물, 연필, 큰 양푼

신과람쌤의 실험노트

비닐에는 껌처럼 쭉쭉 잘 늘어나는 비닐, 종이처럼 찢어지는 비닐, 뻣뻣해서 잘 접히지 않는 비닐 등 여러 가지 종류가 있어요. 그중에 우리가 사용할 것은 지퍼백과 껌처럼 잘 늘어나는 비닐장갑이에요. 이런 비닐에 물을 담아 연필을 꽂으면 어떻게 될까요? 늘어진 비닐 사이에 연필이 꼭 맞게 끼워져서 물이 새지 않는답니다. 잘 늘어나는 성질을 가진 비닐일수록 물이 새지 않아요. 어떤 비닐이 잘 늘어나고 어떤 비닐이 잘 찢어지는지 찾아볼까요?

1 여러 가지 비닐봉투, 연필들, 큰 양푼이나 바가지를 준비해요.

어떤 비닐에 연필이 더 잘 꽂힐까?

모두 물이 새지 않을까요?

2 연필을 뾰족하게 깎아요.

끝이 뾰족해야 구멍이 잘 나겠지?

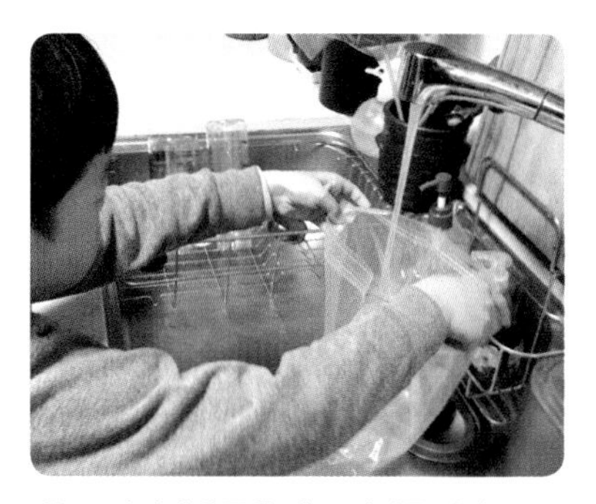

3 지퍼백에 물을 담고 지퍼를 닫아요.

지퍼백이 무거우면 놓칠 수 있으니 엄마가 함께 들어줘요.

4 지퍼백에 연필을 과감하게 꽂아요. 물이 새면 탈락이에요.

망설이지 말고 푹 꽂아서 연필이 비닐 반대편까지 뚫고 나와야 물이 새지 않아요.

몇 개까지 꽂을 수 있을까?

5 이번에는 비닐장갑에 물을 담고 손목 부분을 움켜잡은 뒤 연필을 꽂아 보세요.

비닐장갑은 꽂을 곳은 적지만 그래서 더 신나요.

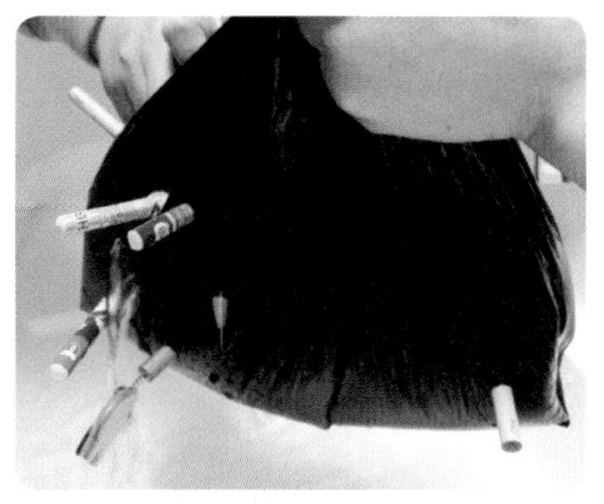

6 검정 비닐봉투로도 해 보면서 비닐들의 차이를 얘기 나눠 보세요.

검정 비닐봉투는 쉽게 찢어져요.

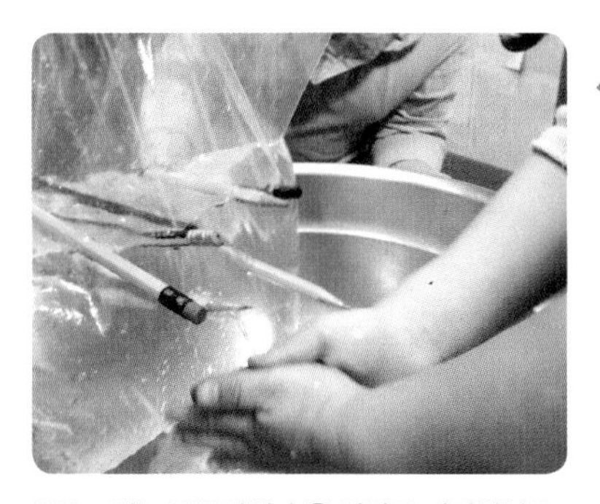

7 새는 물줄기에 손을 씻어도 재미있어요.

탐구 더하기

실험 결과를 표로 작성해 보세요.

비닐 종류				
꽂힌 연필 수				
연필 꽂기에 가장 좋은 비닐은?				

06 대기의 마술 풍선에 요구르트병 붙이기

풀이나 테이프 없이 풍선에 요구르트병을 붙일 수 있어요. 지구가 붙들고 있는 공기인 '대기'의 힘을 이용하면 가능하답니다. 심지어 여러분 몸에도 붙일 수 있어요.

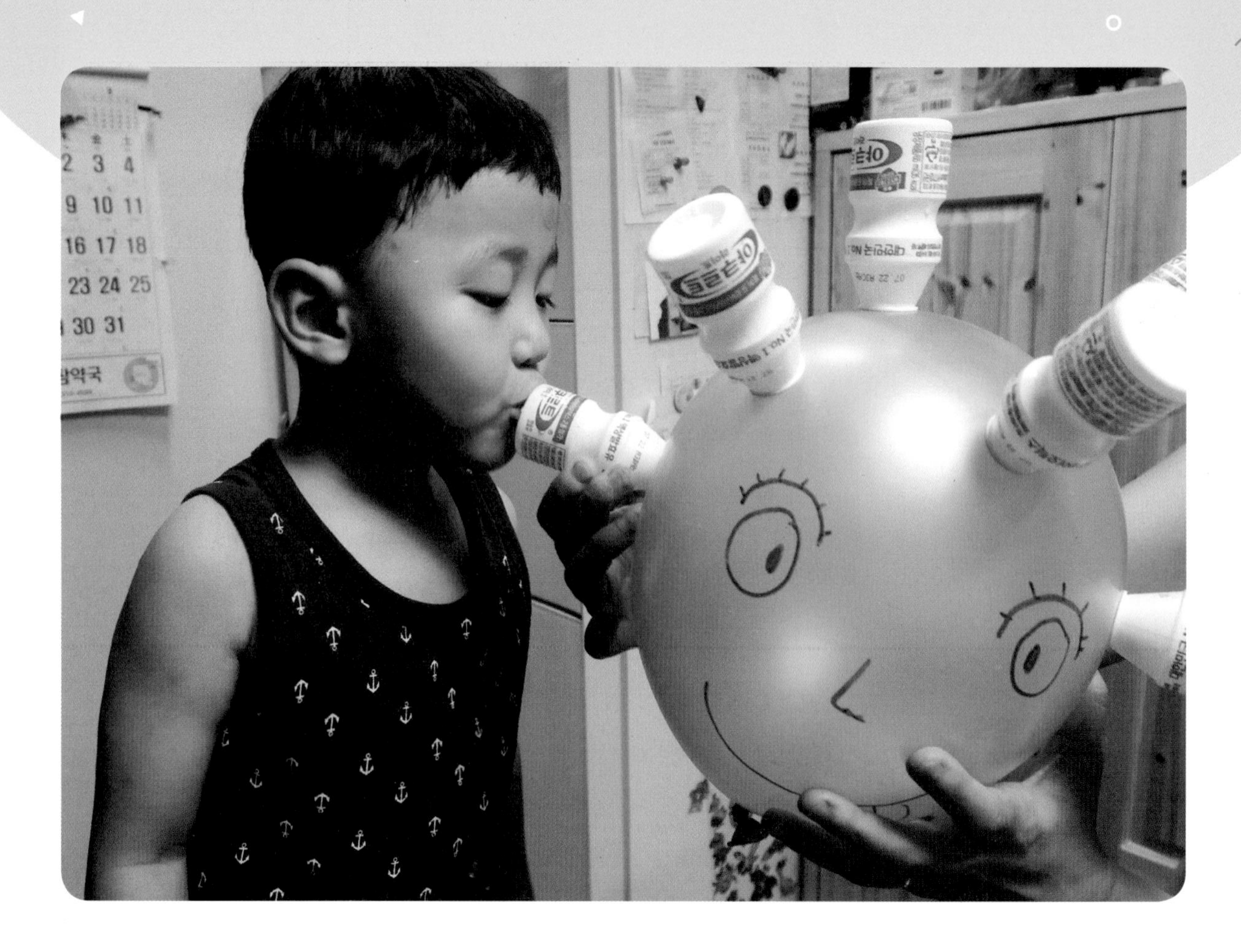

놀이목표

지구 대기의 힘, 대기압

연계 교육과정

초등5-2 ③ 날씨와 우리 생활
초등6-1 ③ 여러 가지 기체

준비물

풍선, 요구르트병, 물 담을 그릇, 뜨거운 물, 수건

신과람쌤의 실험노트

대기는 우리 주변의 공기를 말해요. 공기는 기체로 이루어져 있어요. 기체는 우리 눈에 보이지 않지만 우리 주변을 날아다녀요. 기체가 날아다니다가 어딘가에 부딪히면 그게 바로 대기의 압력, 즉 '대기압'이 되는 거예요. 요구르트병 안에도 우리 주변만큼 공기가 들어 있어요. 그런데 요구르트병을 뜨거운 물에 넣으면 병 안의 공기가 주변으로 날아가요. 그래서 우리 주변과 풍선 안보다 요구르트병 안의 공기 압력이 낮아져요. 이때 요구르트병을 재빨리 풍선에 붙이면 풍선 안 공기가 요구르트병 안쪽으로 풍선을 밀게 되어 풍선이 살짝 밀려들어가 병이 매달리게 됩니다.

1 풍선, 요구르트병, 뜨거운 물을 준비하고 풍선을 불어요.

미지근한 물로 하면 잘 붙지 않아요.

2 요구르트병을 뜨거운 물에 5초 정도 담가요.

물이 손에 닿지 않게 약간 오목한 국그릇 정도가 좋아요.

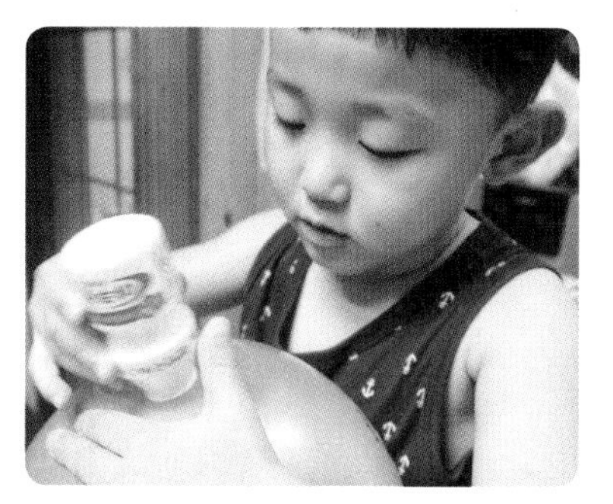

3 요구르트병을 꺼내서 잽싸게 병 입구를 풍선에 붙여요. 풍선과 병 사이에 틈이 없어야 해요.

풍선과 병 입구에 물기가 없어야 잘 붙어요.

4 요구르트병에 바람을 불어서 병을 식혀요.

빠르게 데우고 빠르게 식히는 것이 병이 풍선에 잘 붙는 비결이에요.

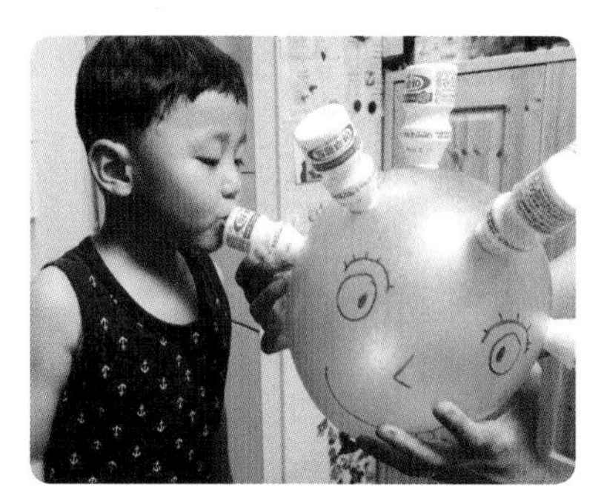

5 2~4번 과정을 반복하면 여러 개를 붙일 수 있어요.

마법의 주문을 외워 볼까?

붙어라, 얍!

탐구 더하기

요구르트병은 풍선의 어디에 잘 붙을까요?

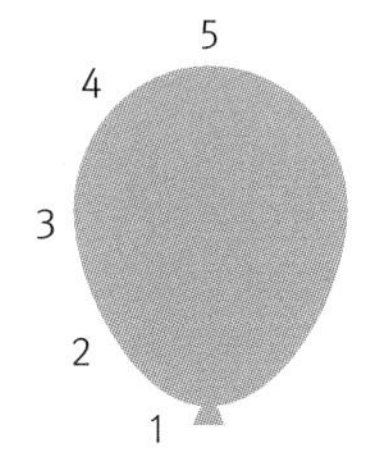

답: 1, 2번보다는 3, 4, 5번 쪽이 더 잘 붙어요. 풍선과 요구르트병 사이에 빈틈이 없고 평평할수록 잘 붙기 때문이에요.

놀이 더하기

위 방법을 이용해 요구르트병을 이마, 볼, 팔 등 우리 몸에도 붙일 수 있어요. 요구르트병을 붙여서 멋진 영웅으로 변신해 보세요. 오래 붙이고 있으면 자국이 남을 수 있으니 주의하세요.

07 공든 탑이 무너지랴 종이 빼기 마술

마술사가 식탁 위에 놓인 유리컵 밑에 있는 식탁보를 힘껏 빼내는 마술을 본 적 있나요?
어떻게 유리컵이 깨지지 않고 식탁보만 쏙 빼낼 수 있을까요? 통조림을 이용해서 도전해 보세요.

놀이목표
관성

연계 교육과정
초등5-2 ④ 물체의 운동

준비물
통조림 5개, 두꺼운 종이 4장

신과람쌤의 실험노트

집에 있는 통조림 중에서 모양이 동일한 것을 모아서 탑을 쌓아 보세요. 통조림 사이에 종이를 끼우면서 탑을 높이 쌓아요. 다 쌓았으면 마술사처럼 통조림을 쓰러뜨리지 않고 종이를 빼는 것에 도전해 보세요! 이때 종이를 살금살금 천천히 빼는 게 좋을까요, 아주 빠르게 빼는 게 좋을까요? 종이를 천천히 빼면 탑이 와르르 무너지고 말아요. 반면 종이를 아주 빠르게 빼면 통조림이 정확히 다음 통조림 위로 떨어져요. 참 신기하죠?

1 통조림 2개 사이에 두꺼운 종이를 끼워요. 탑을 쓰러뜨리지 않고 종이 빼기에 도전해 보세요.

2 종이를 천천히 살금살금 빼 보세요.

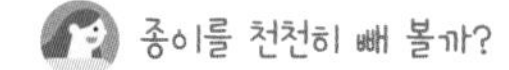

3 다시 통조림 2개 사이에 종이를 끼워요. 이번에는 종이를 빠르게 빼 보세요.

와, 탑이 안 무너졌어요.

4 이번에는 종이 위에 통조림 2개를 올려 놓고 도전해 보세요.

5 통조림을 점점 더 높이 쌓아서 도전해 보세요.

실험 속 과학원리

물체는 외부에서 힘을 받지 않으면 본래의 운동 상태를 유지하려는 성질이 있어요. 이것을 '관성'이라고 해요. 멈춰 있는 통조림 밑에 있는 종이를 천천히 빼면 종이와 통조림이 함께 움직이지만, 종이를 순식간에 빼면 통조림은 본래 정지해 있는 상태를 유지하려는 관성 때문에 그대로 있답니다. 반대로, 움직이는 물체가 계속 움직이려고 하는 것도 관성이에요.

08 냉장고보다 빠르게 5분 완성 아이스크림

아이스크림을 먹고 싶은데 냉장고에 아이스크림이 없다고요? 그럴 때 나의 손과 발을 이용해 냉장고보다 더 빨리 아이스크림을 만들 수 있어요. 얼음에 하얀 마법가루를 뿌리기만 하면 된답니다.

놀이목표

물질의 상태, 고체와 액체

연계 교육과정

초등3-2 ④ 물질의 상태
초등4-2 ② 물의 상태 변화

준비물

지퍼백(큰 것 1장, 작은 것 1장), 얼음, 소금, 아이스크림 재료(우유나 주스)

신과람쌤의 실험노트

손 위에 얼음을 올려놓으면 손은 차가워지고 얼음은 금방 녹아버리죠? 얼음처럼 모양이 있고 딱딱한 물체를 '고체'라고 하고, 물처럼 모양이 없고 흐르는 물체를 '액체'라고 해요. 얼음(고체)이 물(액체)이 되려면 에너지가 필요하기 때문에 손에서 에너지를 빼앗아가죠. 그래서 따뜻했던 손이 차가워지는 거예요. 만약 얼음을 더 차갑게 만든다면 더 많은 에너지를 빼앗아가겠죠. 얼음을 더 차갑게 해주는 것이 바로 소금이에요. 얼음에 소금을 넣으면 아주 차가워지고 더 많은 에너지를 빼앗아 아이스크림을 금방 만들 수 있답니다.

1 작은 지퍼백에 아이스크림 재료(우유나 주스)를 담아요. 새지 않게 꽉 닫아요.

딸기맛 우유가 딸기 아이스크림으로 변할 거야!

2 큰 지퍼백에 얼음(냉장고용 얼음판 2개), 소금(종이컵 반 컵), 1의 지퍼백을 담은 후 새지 않게 꽉 닫아요.

아이스크림 포장용 지퍼백이 보냉(단열)도 잘 되고 튼튼해요.

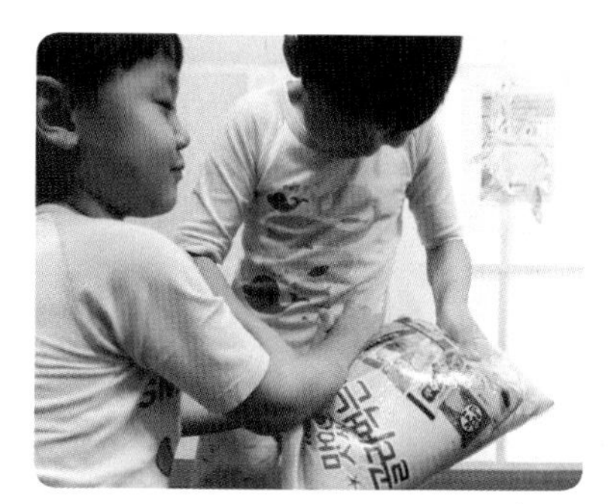

3 얼음과 소금이 잘 섞이도록 마구마구 흔들어 주세요.

소리를 들어봐. 얼음이 녹고 있는 것 같아?

4 이번엔 발로 차 볼까요? 이제 곧 아이스크림을 만날 수 있어요.

아이가 좋아하는 동요를 들려 주세요. 흔들기 1곡, 발차기 1곡이면 충분해요.

5 작은 지퍼백을 꺼내서 우유가 아이스크림으로 변한 것을 확인해요.

지퍼백 안에 우유가 어떻게 달라졌어?

단단해졌어요. 물처럼 흐르지 않아요.

6 지퍼백 바깥쪽의 소금물을 닦아 내고 맛있게 먹어요.

탐구 더하기

소금이 정말로 얼음을 더 차갑게 하는지 확인해 보세요. 온도계를 이용해 소금을 넣기 전 얼음의 온도와 소금을 넣은 후 얼음의 온도를 측정해서 비교해 보세요. 보통 소금과 만난 얼음은 영하 20도 정도로 측정되며, 이는 냉장고의 냉동실 온도와 같아요.

09 마찰력의 마술 젓가락으로 병 들기

동생이나 친구에게 마술을 보여주고 싶다면 젓가락 하나를 준비해요. 곡물이 든 병에 젓가락을 꽂은 후 톡톡 두드리고 흔들기만 하면 젓가락으로 병을 들 수 있답니다.

놀이목표

힘, 마찰력

연계 교육과정

초등5-2 ④ 물체의 운동

준비물

투명한 플라스틱병, 곡물(쌀, 보리 등), 나무젓가락

신과람쌤의 실험노트

물체 사이에는 힘이 작용하는데, 그중 대표적인 것이 '마찰력'이에요. 마찰력은 두 물체가 닿는 면에서 생기는 힘으로서 운동을 방해해요. 우리가 앞으로 가려고 하면 뒤로 잡아당기는 힘이 작용해요. 걸을 때 신발과 땅 사이에 마찰력이 작용해서 앞으로 갈 수 있어요. 얼음판 위에서 잘 미끄러지는 것은 얼음은 마찰력이 작기 때문이에요. 이번 실험은 쌀알 사이에 빈틈을 없애 마찰력을 키우는 방식이에요. 쌀알은 작지만 개수가 아주 많아요. 쌀알과 쌀알 사이, 쌀알과 병 사이, 쌀알과 젓가락 사이에 마찰력이 모여 젓가락이 빠져나가지 못하게 해요. 그 힘으로 병을 들 수 있게 된답니다.

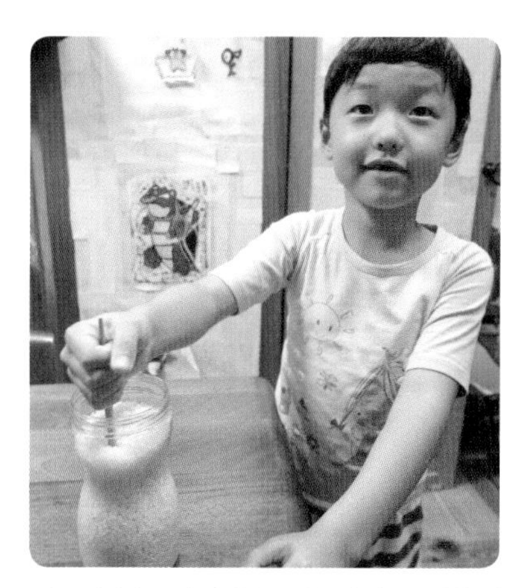

1 플라스틱병에 곡물을 담아요. 가운데에 젓가락을 꽂아요.

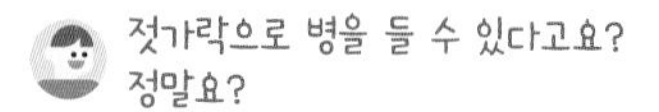

젓가락으로 병을 들 수 있다고요? 정말요?

2 젓가락을 위로 들어 보세요.

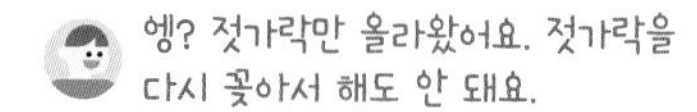

엥? 젓가락만 올라왔어요. 젓가락을 다시 꽂아서 해도 안 돼요.

3 이번에는 젓가락을 꽂은 병을 바닥에 두드리고 앞뒤좌우로 흔들어요.

흔들기 전과 후의 곡물의 높이를 병에 표시해서 비교하면, 흔들고 난 뒤 높이가 낮아진 것을 알 수 있어요.

4 다시 젓가락을 들어 봐요. 이번에는 병이 쑥 올라와요.

병이 들리는 이유는 마찰력 때문이에요. 병을 두드리고 흔들면서 마찰력이 커져서 병이 들린 거예요.

5 젓가락을 다른 곳에 옮겨 꽂아서도 들어봐요.

마찰력은 표면이 거칠수록 커지므로 쇠젓가락보다는 나무젓가락이 들기 쉬워요.

6 가족들 앞에서 신기한 마술쇼를 해 보세요.

병아, 올라와라, 얍!

탐구 더하기

젓가락처럼 길쭉한 막대기 모양이면 어떤 것이든 병을 들 수 있어요. 집에 있는 길쭉한 물건을 찾아서 어떤 것이 가장 마찰력이 세서 병을 쉽게 들 수 있는지 찾아보세요.

길쭉한 물건	나무 숟가락	나무 주걱	플라스틱 주걱	효자손(등긁개)			
성공 횟수							

10 이산화탄소의 예술 보글보글 라바램프

인테리어 소품으로 쓰이기도 하는 라바램프를 집에서 만들어 봐요. 발포 비타민을 물에 넣으면 탄산음료같이 톡 쏘는 비타민 음료가 되지요. 발포 비타민을 기름과 물이 든 병에 넣어 봐요.

놀이목표

물과 기름의 밀도

연계 교육과정

초등3-1 ② 물질의 성질

준비물

작은 페트병, 깔때기, 물, 식용유, 물감, 컵, 발포 비디민, 핸드폰

신과람쌤의 실험노트

물과 기름을 흔들어 섞으면 처음에는 섞이는 것 같지만, 곧 식용유가 물 위쪽으로 분리되어 올라갑니다. 이는 식용유가 물보다 밀도가 작기 때문이에요. 여기에 발포 비타민을 넣으면 어떻게 될까요? 발포 비타민이 셋 중 밀도가 가장 크기 때문에 바닥까지 내려가요. 이때 발포 비타민은 식용유와는 반응하지 않고 물에 닿으면 녹으면서 이산화탄소가 발생해요. 이산화탄소는 식용유보다 가벼워 위쪽으로 올라가면서 용암(lava)이 끓어오르는 듯한 모습을 보이는데, 이런 특징을 이용한 램프를 '라바램프'라고 해요.

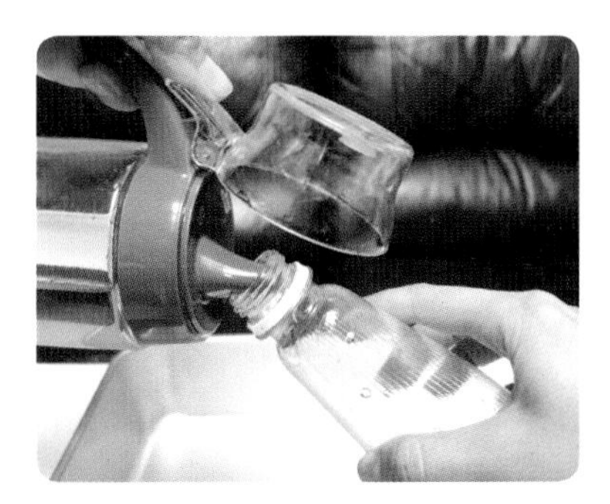

1 작은 페트병에 식용유를 넣어 2/3 정도 채워요.

2 원하는 색의 물감을 물에 녹여서 준비해요.

무슨 색 램프를 만들고 싶어?

빨간색 램프요.

3 1의 페트병에 2의 물감물을 부어 병 입구 약간 아래까지 채워요.

식용유와 물이 섞이니?

아뇨. 물이 아래로 내려가고 식용유가 위로 올라가요.

4 핸드폰 플래시를 켠 후 그 위에 페트병을 올려요.

넘치는 게 걱정된다면 플래시를 아래가 아닌 측면에서 비춰도 됩니다.

5 발포 비타민 1/2 조각을 페트병에 넣은 후 관찰해요.

발포 비타민이 물에 닿으면 녹으면서 이산화탄소가 발생해요. 이산화탄소는 식용유보다 가벼워 위쪽으로 올라가요.

6 밤에 거실 불을 모두 끄고 실험하면 더 멋져요.

우와! 빨간 방울이 엄청 빠르게 올라갔다 내려갔다 해요!

라바램프에서 보글보글 끓어오르는 거품 속에 숨어 있는 기체는 바로 이산화탄소입니다. 위로 올라간 거품은 식용유 표면까지 가면 터지고, 그 안의 이산화탄소가 빠져나가면 다시 바닥으로 가라앉아요. 그래서 거품이 위아래로 움직이며 보글보글 끓는 것처럼 보인답니다.

11 대기의 힘으로 나무젓가락 부러뜨리기

지구가 붙들고 있는 공기를 지구의 '대기'라고 불러요. 대기의 힘을 이용하면 한 손으로 나무젓가락을 부러뜨릴 수 있어요. 여러분도 도전해 보세요.

놀이목표
지구 대기의 힘, 대기압

연계 교육과정
초등5-2 ③ 날씨와 우리 생활
초등6-1 ③ 여러 가지 기체

준비물
책상(식탁), 신문지, 나무젓가락

신과람쌤의 실험노트

물속에 들어가면 물이 나를 누르는 것 같은 힘이 느껴지죠? 그것을 물의 힘, 즉 '수압'이라고 해요. 기체의 힘은 '기압'이라고 하고, 그중에서도 지구 대기의 힘을 '대기압'이라고 불러요. 우리가 살고 있는 별인 지구는 크기가 아주 커서 힘도 엄청 세요. 그래서 대기압도 아주 세지요. 우리는 태어날 때부터 대기압 속에서 살아서 대기압이 얼마나 센지 모르고 지내지만, 우리에게 작용하는 대기압은 몸무게가 100kg인 사람이 머리 위에 있는 것과 비슷한 정도의 힘이에요. 이런 대기압을 이용하면 한 손으로 나무젓가락을 부러뜨릴 수 있어요.

1 식탁 한쪽 끝에 신문지를 펴고, 신문지와 식탁 사이에 빈틈이 없도록 잘 펴 줍니다.

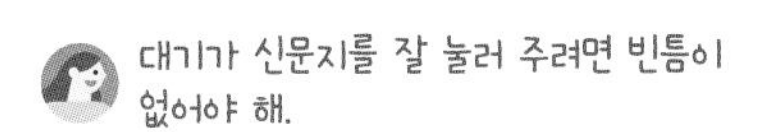

대기가 신문지를 잘 눌러 주려면 빈틈이 없어야 해.

2 나무젓가락을 쪼개어 신문지 아래에 반 정도만 넣어요.

나무젓가락을 쪼개지 않고 넣으면 내리쳤을 때 신문지가 찢어져요.

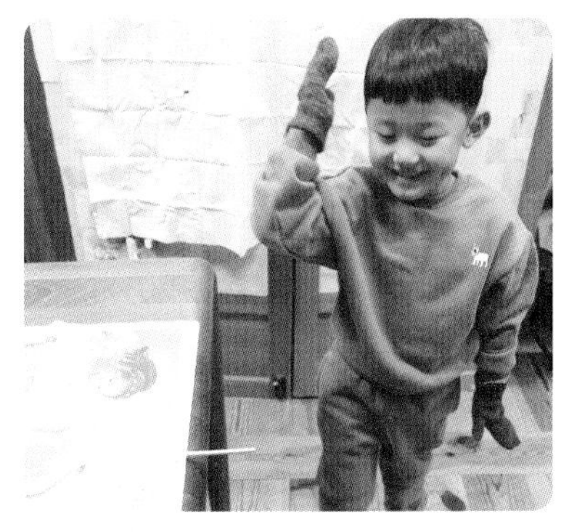

3 손날을 세워서 신문지 밖으로 나와 있는 나무젓가락을 빠르게 내리쳐요.

빠르게 치는 것이 중요해요. 맨손으로도 가능하지만, 장갑을 끼고 안전하게 진행해요.

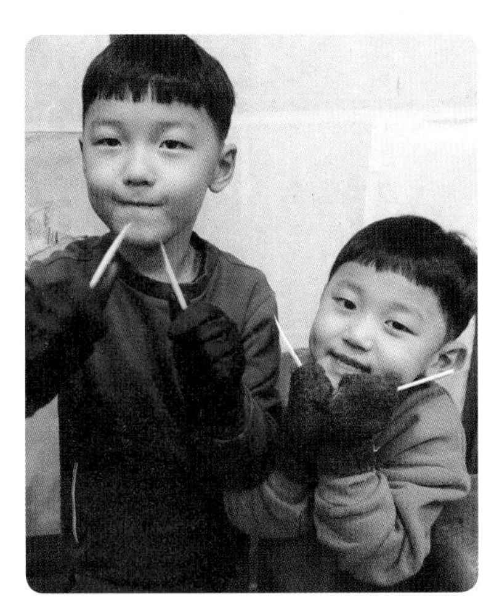

4 나무젓가락을 꺼내어 부러진 부분을 확인해요.

신문지 위를 대기압이 눌러 주고, 튀어나온 젓가락을 네가 쳐서 젓가락이 부러진 거야.

똑 부러지는 경우도 있지만, 살짝 부러지는 경우도 있어요. 아낌없이 격려해 주세요.

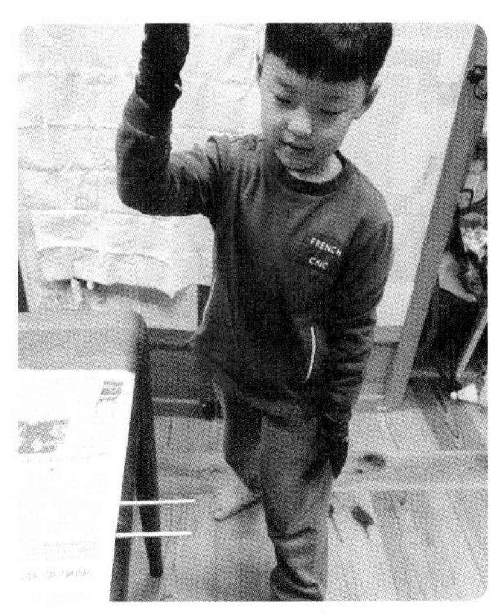

5 나무젓가락 개수를 늘려 가면서 도전해 보세요.

다시 도전할 때는 신문지를 다시 잘 펴야 해요.

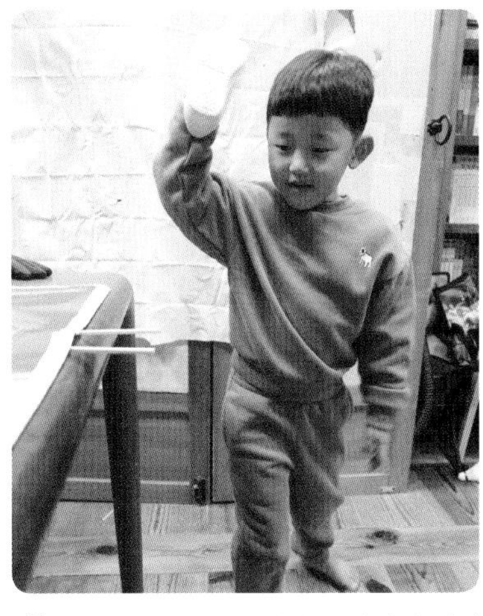

6 맨손으로 부러뜨리기 무섭다면 실내화나 돌돌 만 신문지로 내려쳐 보세요.

놀이 더하기

부러진 나무젓가락으로 무엇을 할 수 있을까요? 저희 집에서는 부러진 젓가락을 쌓아서 작은 캠프파이어를 했어요. 또는 나무탑을 쌓아도 재미있겠지요. 저마다의 의견을 모아 재미있게 놀아 보세요.

12 마찰력을 이겨라 공책 줄다리기

공책 2권만 있으면 마찰력을 이용하여 영차 영차 줄다리기를 할 수 있어요.
마찰력이 이기는지 내가 이기는지 시합해 봐요.

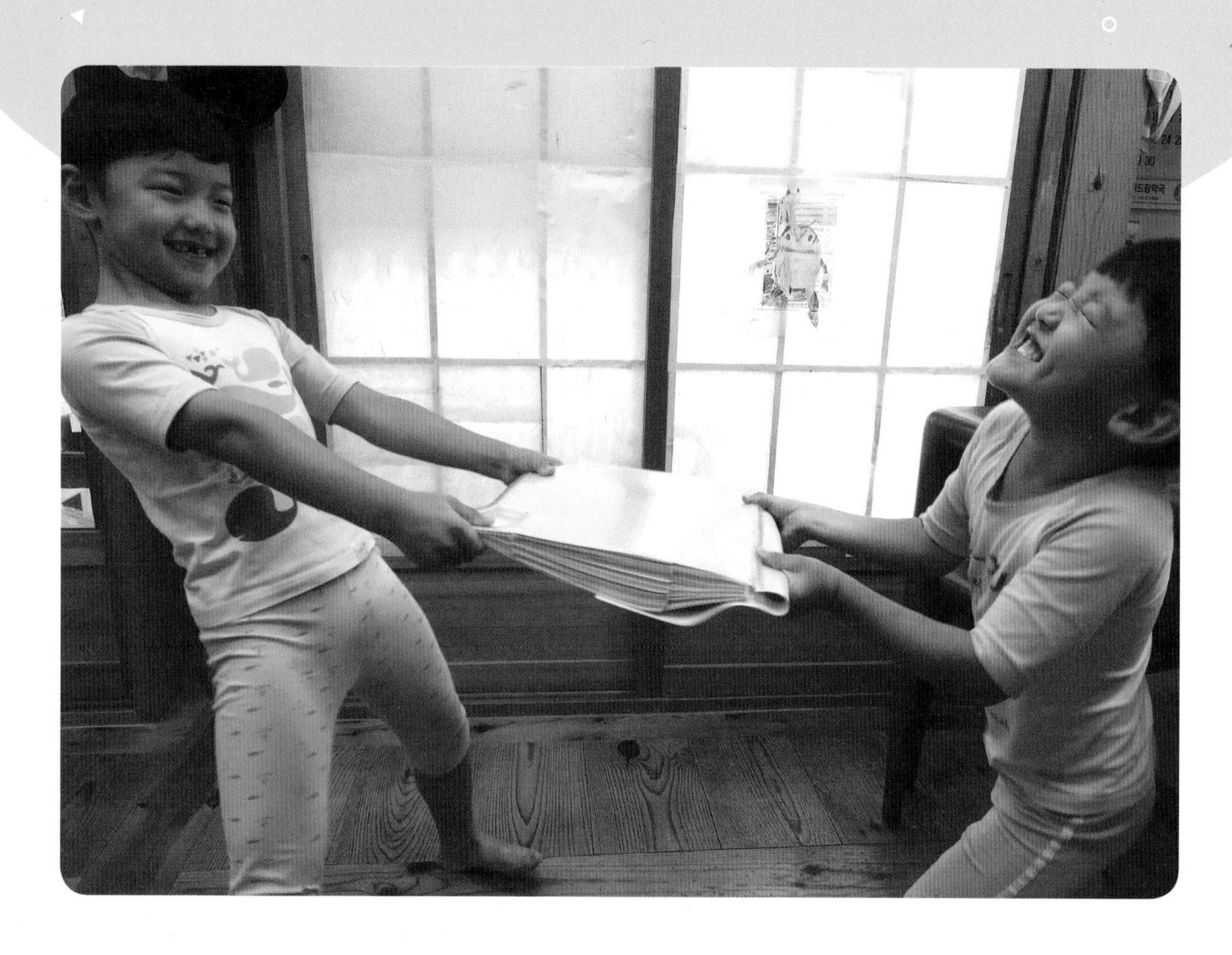

놀이목표
힘, 마찰력

연계 교육과정
초등5-2 ④ 물체의 운동

준비물
공책 2권

신과람쌤의 실험노트

인류 역사를 바꾼 위대한 발견과 발명 중 '불'과 '바퀴'는 마찰력을 이용한 것이라고 할 수 있어요. 인류가 처음 불을 만들 때는 나무 판자에 나무 막대를 세워 양손으로 막대를 돌려 비벼서 생긴 마찰력을 이용했다고 해요. 또 바퀴는 마찰력을 줄여줘서 무거운 물건을 쉽게 옮길 수 있게 해줘요. 마찰력은 운동을 방해하는 힘이라고 했죠? ('09. 젓가락으로 병 들기' 놀이 참고) 공책 2권을 겹쳐서 잡아당기면 마찰력이 반대 방향으로 작용해서 공책이 서로 떨어지지 않아요. 마찰력이 얼마나 센지 직접 실험해 볼까요?

1 공책 2권을 펼쳐 놓고 페이지가 한 장 한 장 겹치도록 만들어요.

2 1의 공책을 이용해 줄다리기를 해요.

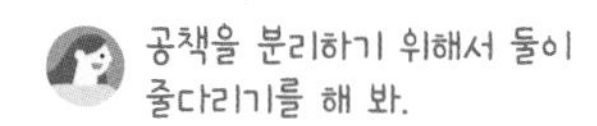

공책을 분리하기 위해서 둘이 줄다리기를 해 봐.

우와. 왜 안 떨어져요?

바로 마찰력 때문이야.

3 공책이 쉽게 분리되지 않는 이유를 설명해 줘요.

못 하겠어요. 마찰력은 정말 센 것 같아요.

겹치는 페이지마다 마찰력이 생겨서 공책이 분리되지 않는 거야.

4 이번에는 한 번에 여러 장씩 넘겨 겹치는 페이지가 훨씬 적게 만들어 봐요.

마찰력은 서로 맞닿아야 생기는 힘이야. 그럼 겹치는 면이 적어지면 어떻게 될까?

5 4의 공책을 이용해서 줄다리기를 해요.

아까보다 공책이 쉽게 분리돼요.

탐구 더하기

줄다리기를 이기고 싶다면 마찰력을 이용하세요. 마찰력은 표면이 거칠수록, 물체가 무거울수록 커져요. 따라서 줄다리기에 유리하려면 운동화보다는 축구화를 신고, 맨손보다는 면장갑을 낀 손이 좋아요. 그리고 같은 편 친구들과 '하나, 둘, 셋' 구호에 맞춰 한 번에 무게가 실리게 하면 더 큰 힘으로 당길 수 있어요.

13 탄성의 힘으로 쏘는 빨래집게 대포

손가락 하나로 물체를 멀리 날리는 장난감을 만들어 봐요. 바로 빨래집게 속에 있는 쇠고리의 탄성을 이용한 장난감이랍니다. 누가누가 멀리 날리는지 시합해 볼까요?

놀이목표

힘, 탄성력

연계 교육과정

초등3-1 ② 물질의 성질

준비물

빨래집게, 나무 막대 또는 나무젓가락, 테이프, 가위, 작은 숟가락, 받침대(약간 무거운 상자)

신과람쌤의 실험노트

빨래집게에 누르는 힘을 주어 벌렸다가 놓으면 원래 모양으로 되돌아가지요. 이런 성질을 '탄성'이라고 해요. 빨래집게 가운데 부분에 작은 쇠고리(또는 용수철)가 들어 있어요. 이 쇠고리는 고무처럼 탄성이 좋은 물체예요. 쇠고리가 원래 모양으로 되돌아가려는 힘을 '탄성력'이라고 해요. 누르는 힘을 세게 할수록 되돌아가려는 힘인 탄성력도 세져요. 트램펄린 위에서 내가 뛸 때와 아빠가 뛸 때를 비교해 봐요. 아빠가 세게 누르니까 무거운 아빠가 튀어 오를 정도로 탄성력이 세지는 거랍니다. 빨래집게의 탄성력을 이용해 물체를 멀리 발사하는 대포 장난감을 만들어 봐요.

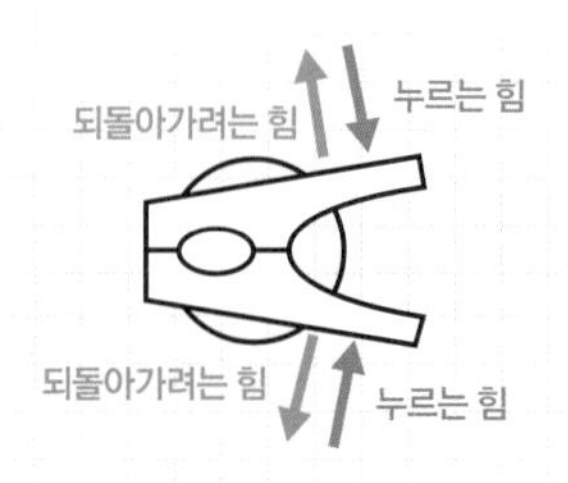

1 빨래집게 양쪽 손잡이에 나무 막대를 테이프로 단단히 연결해요.

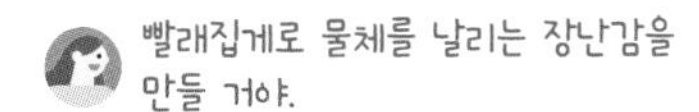

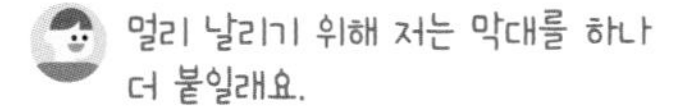

2 나무 막대 끝에 물체를 담을 수 있는 숟가락을 테이프로 연결해요.

물체를 얹을 수만 있으면 숟가락 종류는 상관없어요.

3 받침대에 고정이 잘 되도록 바닥 쪽에 직각으로 나무 막대를 연결해요.

바닥에 잘 고정하려면 나무 막대를 어떻게 연결하면 좋을까?

숟가락을 눌렀을 때 집게가 있는 부분이 들릴 것 같으니까 앞쪽에 붙일래요.

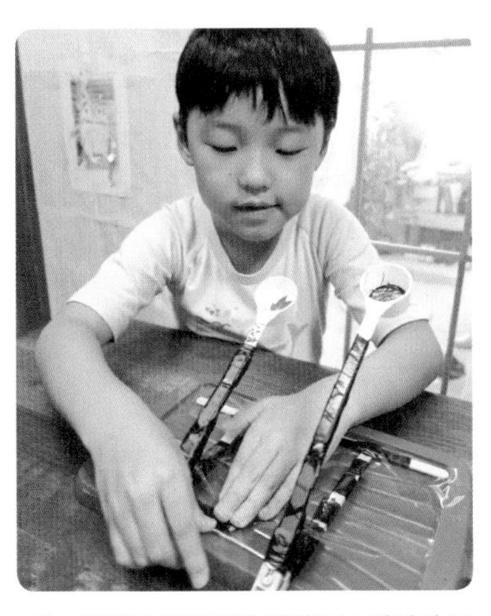

4 대포를 받침대에 테이프로 단단히 고정해요.

받침대로 장난감 정리통 뚜껑을 사용하면 붙여 두고 계속 가지고 놀 수 있어요.

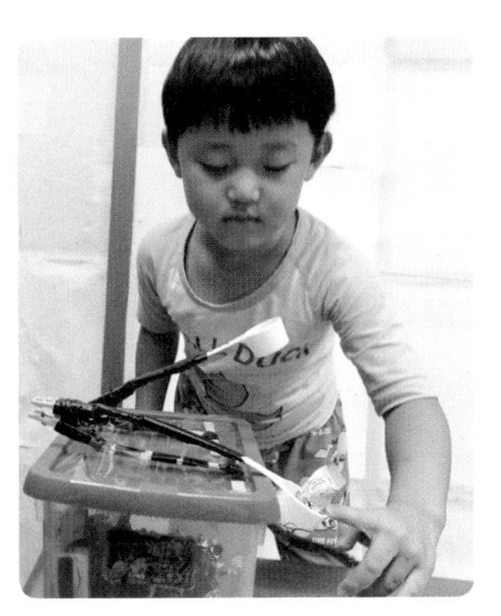

5 숟가락에 날리고 싶은 물체를 담고 가능한 한 많이 눌러요.

길이를 다르게 하여 숟가락을 2개 붙여 놓으면, 한 번에 2개의 물체를 날릴 수 있어요.

6 손가락을 떼어서 발사! 누가누가 멀리 날렸나요?

키를 재는 눈금이나 기준선 등을 표시해 두면 거리를 쉽게 비교할 수 있어요.

놀이 더하기

1. 과녁에 넣기

과녁을 만들어 바닥에 놓고 물체가 떨어진 곳의 점수를 더해 승부를 가리면 더 재미있어요.

2. 목표물 맞추기

페트병이나 블럭 등의 목표물을 세워 놓고 누가 더 많이 맞히는지, 누가 먼저 쓰러뜨리는지 시합할 수도 있어요.

14 한 번만 움직여서 컵 속에 달걀 넣기

컵 위에 종이 위에 휴지심 위에 달걀을 놓아 탑을 만들어요. 한 번만 움직여서 제일 위에 있는 달걀을 제일 아래에 있는 컵에 넣어야 해요. 어떻게 할 수 있을까요?

놀이목표

관성

연계 교육과정

초등5-2 ④ 물체의 운동

준비물

투명 유리컵, 골판지(택배 상자), 휴지심, 삶은 달걀

신과람쌤의 실험노트

이탈리아의 갈릴레오 갈릴레이는 망원경과 온도계를 발명한 유명한 과학자예요. 갈릴레오는 물체를 떨어뜨리거나 움직이는 실험을 머릿속으로 하던 중 '관성'이라는 물질의 성질을 생각해 냈어요. '관성'은 물체에 힘을 가하지 않으면 정지한 물체는 계속 정지해 있으려고 하고, 움직이는 물체는 계속 움직이려 하는 성질을 말해요. 책상 위에 책은 움직이지 않죠? 누군가 책에 힘을 주지 않으면 책은 영원히 움직이지 않는다는 말이에요. 컵 위에 종이 위에 휴지심 위에 달걀을 쌓은 탑에도 물체마다 관성이 있어요. 모두 제자리에 있으려고 하죠. 종이만 빠르게 빼내면 다른 물체들은 그 자리에 있으려고 하기 때문에 달걀이 컵으로 떨어지는 거예요.

1 투명 유리컵 위에 골판지 1장, 휴지심 1개, 삶은 달걀 1개를 순서대로 쌓아요. 한 번만 움직여서 달걀을 컵 속에 넣는 방법에 대해 이야기 나눠요.

플라스틱 컵을 사용하면 컵이 가벼워서 실패할 수 있어요. 달걀을 세워 놓는 것보다 눕혀 놓는 게 좋아요.

2 종이를 잡아서 빠르게 옆으로 잡아당겨 보세요.

종이를 위로 들거나 아래로 내리면 달걀을 컵에 넣을 수 없어요. 종이가 놓여 있는 높이 그대로 옆으로 빼는 것이 중요해요.

3 달걀이 컵에 들어간 것을 확인해요.

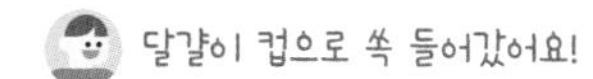

달걀이 컵으로 쏙 들어갔어요!

종이를 제외한 나머지 물체들은 제자리에 있으려는 성질이 있기 때문이야. 그것을 '관성'이라고 해.

탐구 더하기

컵, 휴지심, 달걀 개수를 늘려 보고, 달걀을 다른 물건으로 바꿔서도 도전해 보세요. 내 생각대로 만든 새로운 놀이가 더 신나요!

❶ 휴지심 3개 1줄

❷ 휴지심 2개 2줄 (총4개) / 플라스틱컵 1개 포함

❸ 휴지심 4개 1줄 / 작은 유리컵 1개 포함

❹ 휴지심+테이프+휴지심 3층탑

15 태양을 등지고 분무기 발사! 내 눈앞에 무지개

햇볕이 따뜻하고 날씨가 맑다고요? 신나게 뛰어 놀고 싶고 물놀이도 하고 싶다고요?
그럼 분무기를 들고 나가 내 눈앞에 알록달록 무지개를 만들어 봐요!

놀이목표

무지개의 생성 조건, 햇빛의 구성

연계 교육과정

초등6-1 ⑤ 빛과 렌즈

준비물

분무기

신과람쌤의 실험노트

날씨가 화창한 날에 분무기만 있으면 아이들과 무지개를 만들 수 있어요. 구름이 해를 가리지 않는 맑은 날씨여야 해요. 햇빛을 등지고 서서 분무기 입구를 앞으로 향하도록 한 채 물을 뿌리면 무지개가 나타나요. 분무기는 물을 작은 물방울로 만들어 주는데, 이 물방울에 들어온 햇빛의 경로가 굽어지고 꺾이면서 햇빛을 원래의 다양한 색깔로 나누어 주기 때문이에요. 햇빛은 원래 여러 가지 색깔로 되어 있는데, 여러 색의 빛이 더해져서 우리 눈에 흰색으로 보이는 거예요.

1 분무기를 준비해요. 작은 물방울이 생기는 것일수록 좋아요.

2 해를 마주보고 분무기를 뿌리면 무지개가 안 보여요.

엄마, 무지개가 안 보여요!

해를 마주보지 말고 등지고 다시 해 볼래?

3 해를 등지고 분무기를 뿌려 보세요.

우와! 무지개가 보여요!

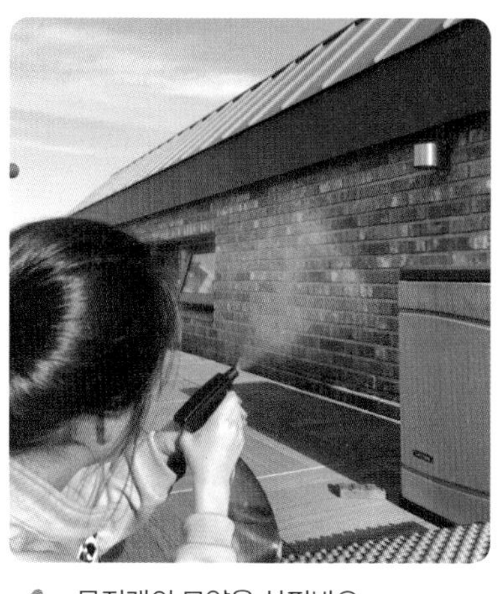

4 무지개의 모양을 살펴봐요.

무지개는 무슨 모양이야?

둥그스름한 모양이에요!

5 무지개의 색깔을 살펴봐요.

무슨 색이 보여?

빨간색도 보이고 파란색도 보여요!

실험 속 과학원리

빛은 여러 색이 섞일수록 밝아져요. 그래서 모든 색을 섞으면 흰색으로 보이지요. 물감은 이와 반대로 여러 색이 섞일수록 어두워져요. 그래서 모든 색을 섞으면 검은색이 된답니다.

탐구 더하기

물컵과 거울이 있으면 집 안에서도 무지개를 쉽게 만들 수 있어요. 물이 담긴 컵 안에 작은 거울을 넣어요. 그리고 핸드폰 플래시로 거울에 빛을 비추면 무지개빛으로 나누어진 색깔 띠를 볼 수 있어요.

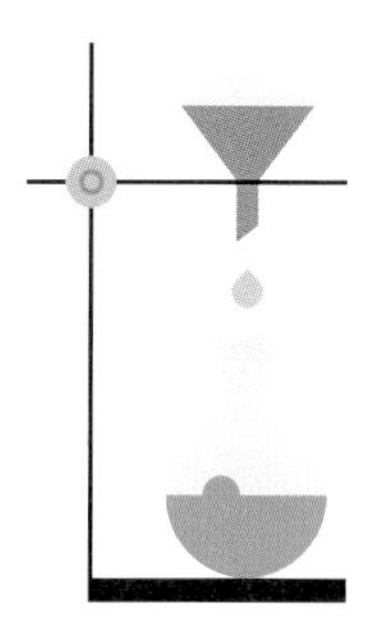

16 탄성을 이용해 달려라 벌레들의 경주

노란 고무줄이 늘어났다 줄었다 하는 성질을 이용하면 앞뒤로 달리는 벌레 장난감을 만들 수 있어요.
좋아하는 곤충이나 동물, 자동차를 만들어 달리기 경주를 해 봐요!

놀이목표

힘, 탄성력

연계 교육과정

초등3-1 ② 물질의 성질

준비물

컵라면 그릇, 노란 고무줄, 종이, 송곳, 색칠 도구, 테이프, 작은 통(폐건전지)

신과람쌤의 실험노트

노란 고무줄을 잡아당기면 늘어나고, 놓으면 다시 원래대로 줄어들죠? 힘을 주면 모양이 바뀌었다가 힘을 빼면 다시 원래 모양으로 돌아가는 성질을 '탄성'이라고 해요. 고무는 탄성이 좋은 물질이에요. 고무줄을 한 방향으로 계속 감았다가 놓으면 어떻게 될까요? 감은 방향과 반대 방향으로 풀리겠죠. 감을 때 들었던 힘만큼 되돌아오는 데도 힘이 들어요. 이 힘을 '탄성력'이라고 해요. 고무줄의 이러한 탄성력을 이용하여 앞으로 가는 벌레를 만들어 달리기 시합을 해 봐요.

1 컵라면 그릇에 종이를 붙여 벌레 모양으로 꾸며요.

난 다리를 붙여서 메뚜기를 만들래.

난 쇠똥구리를 만들 거야! 지금 칠하는 건 바로 똥이야!

2 컵라면 그릇 윗면 양쪽에 송곳으로 구멍을 뚫고 고무줄을 묶어요.

놀이 도중에 구멍이 찢어지지 않도록 구멍 주변에 테이프를 붙여요.

3 작은 통에 물을 담아 무겁게 만들어서 준비해요.

작은 통 대신 폐건전지나 지우개 등 무게감 있는 다른 물체를 이용해도 돼요.

4 고무줄을 당겨 물통의 양쪽에 걸고, 테이프를 붙여 고정시켜요. 달리기 선수 벌레 완성!

여기에 왜 물통을 달아요?

이게 자동차 모터 역할을 할 거야.

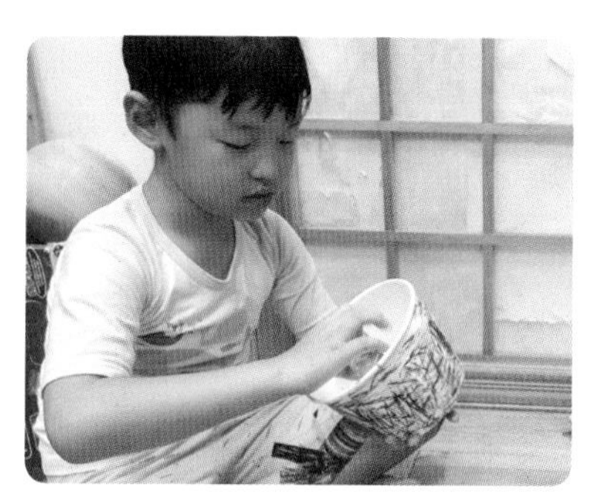

5 벌레의 몸통을 잡고, 물통을 한 방향으로 감아요.

그런데 어느 방향으로 감아요?

앞으로 달리려면 어느 방향으로 감아야 할까? 조금 감아서 놓아 볼래?

6 물통을 감은 채 바닥에 내려놓으면 벌레들이 달려요.

자, 출발!

우와, 진짜 빨라요!

탐구 더하기

벌레를 앞으로 가게 하려면 고무줄을 어느 방향으로 감아야 할까요? 먼저 내 생각을 골라보고, 실험을 통해 벌레가 달리는 방향을 찾아봐요.

내 생각	물통을 달리는 방향으로 감으면 벌레가 [앞으로 / 뒤로] 달릴 거야.
실험 결과	물통을 달리는 방향으로 감으니까 벌레가 [앞으로 / 뒤로] 달리네!

17 풍선을 잡아당겨 쏘는 휴지심 폭죽

고무풍선의 늘어났다 줄어들었다 하는 성질을 이용해서 폭죽을 만들 수 있어요. 안전하고 재미있는 폭죽을 만들어 친구나 가족의 생일 파티에 사용해 보세요.

놀이목표

힘, 탄성력

연계 교육과정

초등3-1 ② 물질의 성질

준비물

휴지심, 풍선, 가위, 색칠 도구, 칼라솜(폼폼이)이나 색종이 조각 등

신과람쌤의 실험노트

고무풍선의 주재료인 고무는 탄성이 큰 물질입니다. 탄성은 힘을 주어 늘리면 다시 원래대로 돌아가려는 성질을 말해요. 자연에서 만들어진 고무는 고무나무 줄기에서 수액을 받아서 굳혀 만들어요. 하지만 풍선을 만드는 고무는 석유로 만든 거예요. 풍선의 탄성이 크기 때문에 풍선을 잡아당겼다가 놓으면 아주 큰 탄성력을 발휘해요. 그 힘을 이용해 물체를 쏘아 올리는 폭죽을 만들어 봐요.

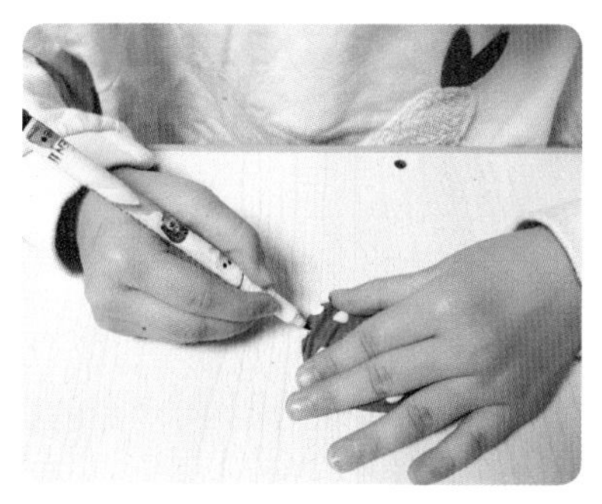

1 풍선의 둥근 부분(입구 반대편)에 선을 긋고, 선을 따라 잘라요.

휴지심을 꽉 덮어야 하므로 아주 조금만 잘라 냅니다.

2 검지와 중지 사이에 풍선 입구를 끼우고 풍선으로 두 손가락을 감아 매듭을 만들어요.

풍선에 공기를 넣지 않아서 아이들도 매듭을 만들 수 있어요.

3 휴지심에 풍선을 씌워요. 휴지심의 2/3 정도를 덮어요.

풍선 구멍이 커서 휴지심이 고정되지 않으면 테이프를 감아서 고정해요.

4 매듭 부분을 잡아당겨 풍선이 벗겨지지 않는지 확인해요.

5 풍선이 덮지 않은 휴지심의 나머지 부분을 예쁘게 꾸며요.

6 휴지심 안에 칼라솜이나 색종이 조각을 넣어요.

포장지나 종이접기한 색종이 등 버려지는 예쁜 종이를 모았다가 활용해요.

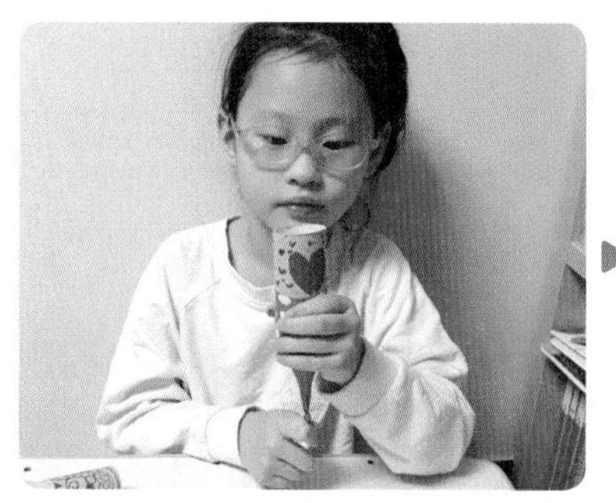

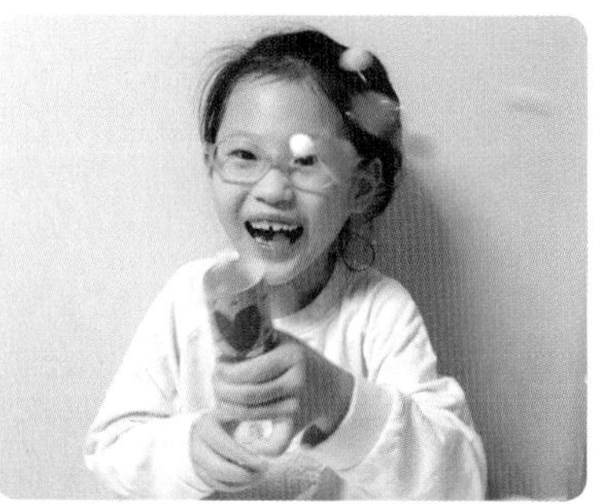

7 매듭 부분을 잡아당겼다가 놓으면 휴지심 폭죽이 터져요.

놀이 더하기

누가누가 폭죽을 더 멀리 쏘는지 시합해 봐요. 휴지심의 각도, 매듭을 잡아당기는 정도, 안에 넣는 물체 등을 다르게 하면서 어떻게 하면 멀리 날릴 수 있는지 탐색해 봐요.

18 만져서 맞혀봐 상자에 무엇이 있을까?

과학놀이의 시작은 '호기심, 흥미, 궁금증'이고, 과학탐구의 시작은 '관찰'이에요. 상자를 보자기로 덮고 호기심을 유발해 봐요. 무엇이 들어 있는지 눈으로 보지 않고 맞힐 수 있을까요?

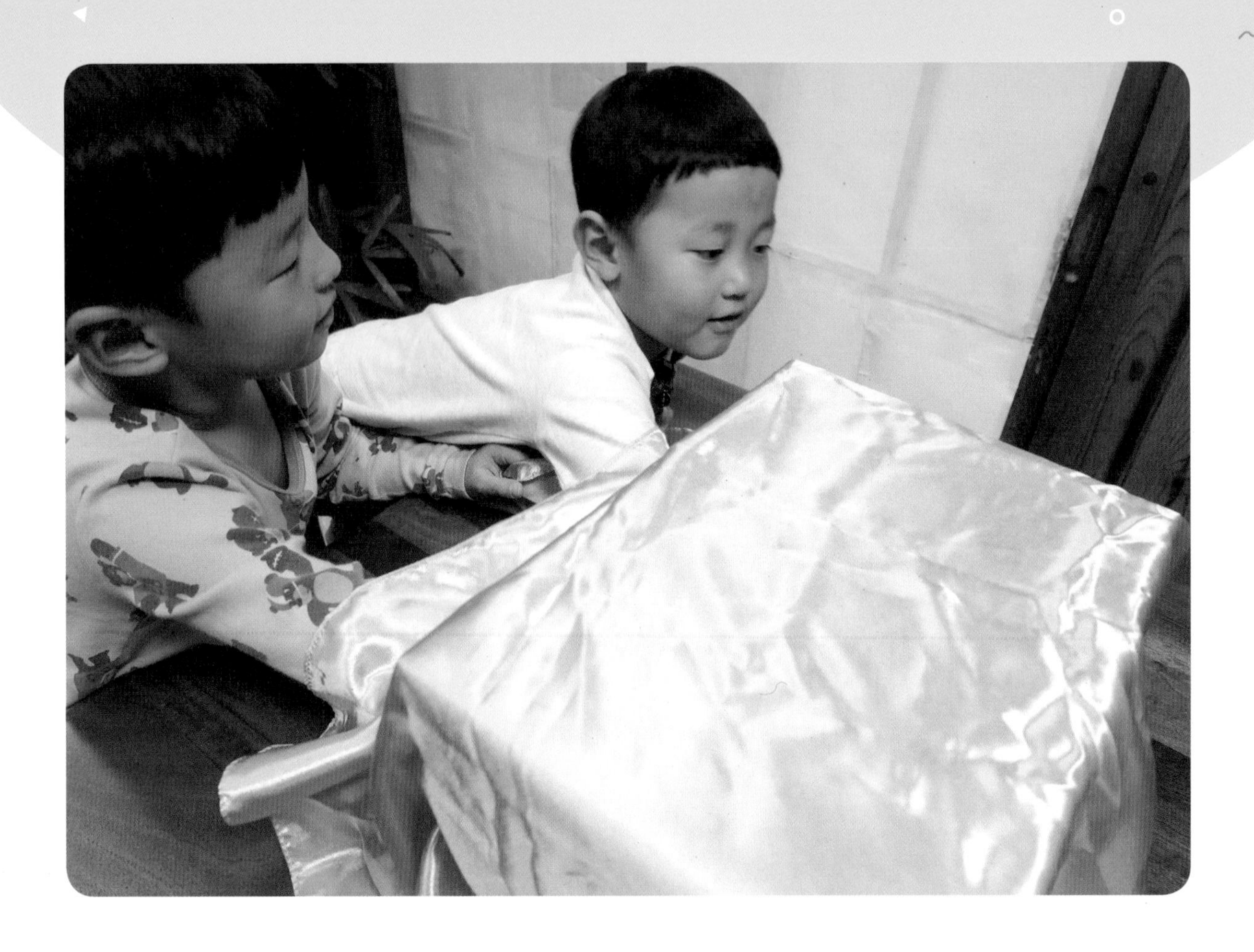

놀이목표

관찰, 촉각

연계 교육과정

초등4-1 ① 과학자처럼 탐구해 볼까요?

준비물

큰 상자, 테이프, 보자기, 여러 가지 물건

신과람쌤의 실험노트

동물을 보면 만지고 싶고, 꽃을 보면 냄새를 맡고 싶죠? 새나 악기의 소리도 듣고 싶고, 처음 보는 음식의 맛도 궁금하고요. 사람에게는 눈으로 보는 '시각', 코로 맡는 '후각', 귀로 듣는 '청각', 피부로 느끼는 '촉각', 혀로 맛보는 '미각' 등 총 5가지 감각이 있어요. 그런데 평소에는 눈으로 보는 것이 빠르기 때문에 다른 4개의 감각 기관을 많이 사용하지 않아요. 과학에서 '관찰'을 할 때는 5가지 감각(오감)을 모두 활용해야 해요. 보지 않고 나머지 4가지 감각으로 궁금증 상자에 있는 물건이 무엇인지 맞혀 보세요.

1 상자를 눕히거나 옆면을 뚫어 물건을 넣고 뺄 수 있게 만들어요.

골판지 모서리가 생각보다 날카로우니 모서리마다 테이프를 붙이는 게 좋아요.

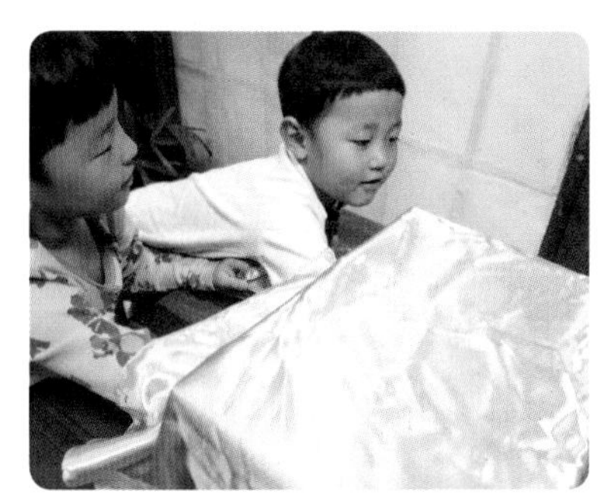

2 엄마가 상자 안에 물건을 넣어요. 아이는 눈으로 보지 않고, 손으로 만져서 무엇인지 맞혀 봐요.

만져 보니 느낌이 어때?

딱딱하고 동그래요.

3 보자기를 들고 상자 안을 들여다보는 건 규칙에 어긋나요.

4 물건이 무엇인지 알았어도 바로 꺼내지 않아요. 답이 맞는지 확인하고 맞았다면 꺼내어 볼 수 있어요.

야호! 내가 맞혔다.

처음 1~2문제는 쉬운 것으로 제시해야 흥미가 유지될 수 있어요.

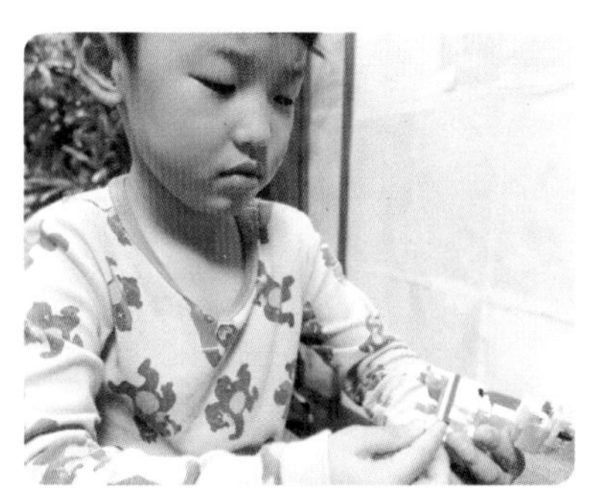

5 망가지기 쉬운 물건은 넣지 않아요.

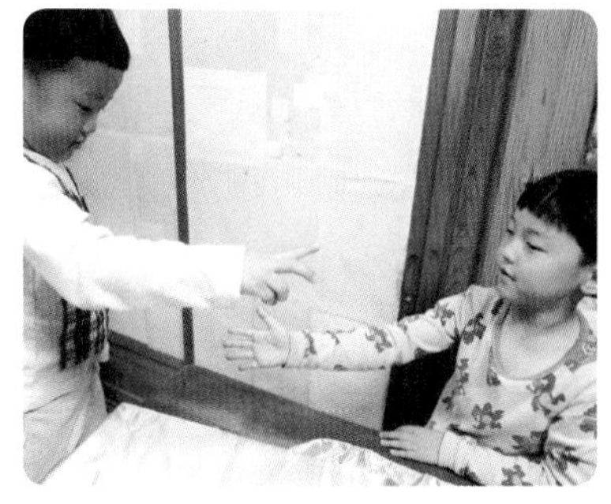

6 숨바꼭질처럼 아이들끼리 숨기는 사람과 맞히는 사람을 정해서 놀 수도 있어요.

놀이 더하기

소리를 듣고 무슨 물건이지 맞히는 놀이도 해 보세요. 작은 상자나 투명하지 않은 반찬통에 물건을 넣고 입구를 막거나 뚜껑을 닫아요. 상자를 흔들어서 소리를 듣고 무엇이 들어 있는지 맞혀 보세요.

19 내 그림이 영화처럼 보이는 미니 프로젝터

투명한 비닐에 그린 그림을 핸드폰 플래시를 이용해 벽에 비춰 보세요. 이를 통해 빛의 성질도 알 수 있고, 이미지의 크기를 조정하면서 영화 감독 기분도 낼 수 있어요.

놀이목표

빛의 이동, 빛과 그림자

연계 교육과정

초등4-2 ③ 그림자와 거울

준비물

휴지심, 손코팅지(두꺼운 투명 비닐), 유성매직(네임펜), 테이프, 가위, 핸드폰

신과람쌤의 실험노트

빛은 곧게 나아가는 성질이 있어요. 그래서 장애물이 빛을 가로막으면 그림자가 생겨요. 투명한 유리창도 장애물일까요? 아니에요. 투명한 유리창은 빛이 쉽게 통과할 수 있어요. 하지만 유리창에 글라스데코와 같이 얇은 색깔을 씌우면 빛의 일부는 그대로 통과하고 일부는 통과하지 못해요. 이런 효과를 관찰할 수 있는 실험이에요. 투명한 비닐에 그림을 그리고 색칠한 다음, 어두운 밤에 플래시로 비추면 내가 그린 그림이 벽에 그대로 비쳐요. 검은색 테두리는 빛을 모두 가려서 검게 보이고, 색칠한 부분은 빛을 일부분만 통과시켜서 색깔 그림자가 나타나는 거예요.

1 손코팅지처럼 두껍고 투명한 비닐 위에 여러 색의 유성매직을 이용해 그림을 그려요. 그림 크기는 휴지심의 동그란 부분에 맞춰요.

비닐을 그림 위에 대고 따라 그려도 좋아요.

2 검은 네임펜으로 테두리를 그리고 색을 진하게 칠해요.

색이 진할수록 색깔 그림자가 잘 나타나요.

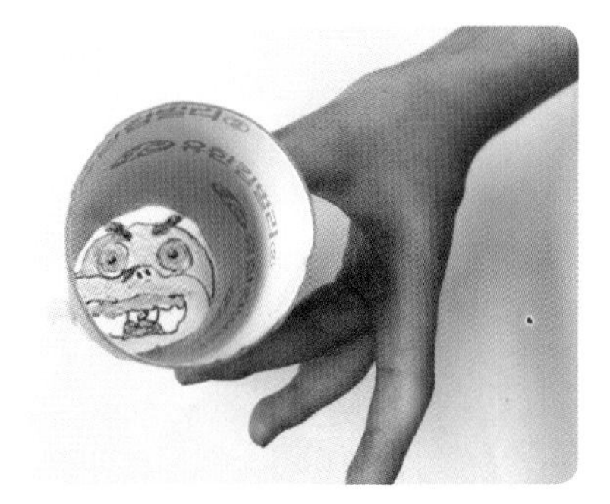

3 그림을 동그랗게 오려서 테이프로 휴지심에 붙이면 프로젝터 완성!

4 어두운 밤에 핸드폰 플래시로 휴지심 안쪽을 비춰요. 천장이나 깨끗한 벽을 향해 비추면 내 그림이 영화처럼 나타나요.

비닐의 초록색 부분은 초록빛만 통과시키고, 빨간색 부분은 빨간빛만 통과시켜요.

5 벽에 비친 그림의 크기를 조정하는 방법을 연구해 보세요.

공룡 그림을 크게 하려면 어떻게 해야 할까?

핸드폰 플래시와 공룡 그림을 가깝게 해요.

6 손코팅지에 그림을 그리고 나무젓가락에 붙인 후 플래시를 비춰서 역할놀이도 해 보세요.

왜 젓가락의 그림자는 검게 보이고, 코팅지에 그린 그림은 투명하게 보일까?

탐구 더하기

벽에 비친 그림의 크기를 생각해 봐요. 플래시(광원)로부터 공룡 그림을 멀리 하면 할수록 벽에 공룡 그림이 작아져요. 그럼 큰 공룡 그림으로 동생을 깜짝 놀라게 해주고 싶다면 어떻게 하면 될까요?

답: 프로젝터를 벽에서 멀리 놓거나, 플래시와 공룡 그림 사이의 거리를 가까이 하면 됩니다.

20 내 몸보다 커다란 대형 비눗방울 만들기

비눗방울 놀이는 언제나 즐겁지요. 이번엔 나보다 큰 비눗방울 만들기에 도전해 봐요.
큰 비눗방울을 만들려면 온몸으로 공기를 넣어야 해요. 열심히 팔 돌릴 준비 됐나요?

놀이목표

표면 장력

연계 교육과정

초등3-1 ② 물질의 성질

준비물

액체 세제, 설탕, 물, 큰 용기, 쟁반,
쇠 옷걸이, 실(덜실, 면실 등), 나무젓가락,
빨대, 가위

신과람쌤의 실험노트

물처럼 일정한 모양이 없고 담긴 그릇에 따라 모양이 바뀌며 흐르는 물질을 '액체'라고 해요. 물질이 액체일 때는 '표면 장력'이라는 힘이 생겨요. 이 힘은 액체의 표면(바깥면)을 작게 만들려고 해요. 물은 여러 가지 액체 중에서 표면 장력이 센 편이에요. 그런데 표면 장력이 크면 표면이 잘 늘어나지 않아서 방울이 만들어지지 않아요. 이때 물에 액체 세제를 넣으면 표면 장력이 약해져 표면이 잘 늘어나서 방울을 만들 수 있게 돼요. 이렇게 만들어지는 것이 바로 비눗방울이에요.

1 쇠로 된 옷걸이를 벌리고 실을 감아요.

실을 감은 것과 안 감은 것 중 어느 게 더 잘되는지 비교해 보자.

실을 감아야 비눗물이 옷걸이에 잘 붙어요.

2 큰 용기에 따뜻한 물 반 컵과 액체 세제 1/4컵(2:1 비율)을 넣고 나무젓가락으로 살살 섞어요. 거품이 많이 생기면 비눗방울이 잘 만들어지지 않으니 주의해요.

물과 세제의 비율은 세제마다 조금씩 달라요.

3 빨대 끝을 십자로 잘라 비눗방울액을 묻혀 불어 보세요.

비눗방울액 위에 생긴 거품에 빨대를 꽂고 불어도 재미있어요.

4 커다란 비눗방울을 만들기 위해 설탕을 1/4컵 추가해요. 거품이 생기지 않게 살살 저어요.

설탕 대신 물엿이나 글리세린을 넣어도 돼요. 물 : 액체 세제 : 설탕의 비율은 2 : 1 : 1입니다.

5 비눗방울액을 쟁반에 담아 밖으로 가져가요. 옷걸이를 비눗방울액에 잠기도록 넣고, 얇은 막이 생기도록 살살 흔들어요.

옷걸이에 얇은 막이 생겨야 비눗방울이 만들어져.

6 옷걸이를 힘껏 들어올려요.

7 옷걸이를 들고 옆으로 빙글 돌거나 달려 보세요.

탐구 더하기

비눗방울을 만들 때 왜 설탕이나 물엿, 글리세린을 넣을까요? 물과 세제로만 만든 비눗방울은 크게 만들면 금방 터져 버려요. 왜냐하면 비눗방울 막을 만드는 물이 수증기가 되어 공기중으로 날아가 버리거든요. ('증발'이라고 해요.) 설탕이나 물엿, 글리세린은 물이 날아가지 못하게 붙잡아 주는 역할을 한답니다.

물이 거꾸로 올라가고 그림이 스르륵 사라져요.

바람을 불지 않았는데 촛불이 스스로 꺼지고 머리카락이 저절로 움직여요.

그런데 이 모든 게 마법이 아니라 과학이라고 하네요!

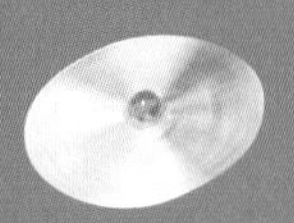

Part 2

마법일까 과학일까 신기한 과학놀이

21 찬물과 따뜻한 물의 대결 거꾸로 올라가는 물

물은 위에서 아래로 내려가지요. 그런데 물이 위에서 아래로 내려오지 못하게 할 수도 있고, 심지어 아래에서 위로 올라가게 할 수도 있답니다. 마술 같은 실험을 해 볼까요?

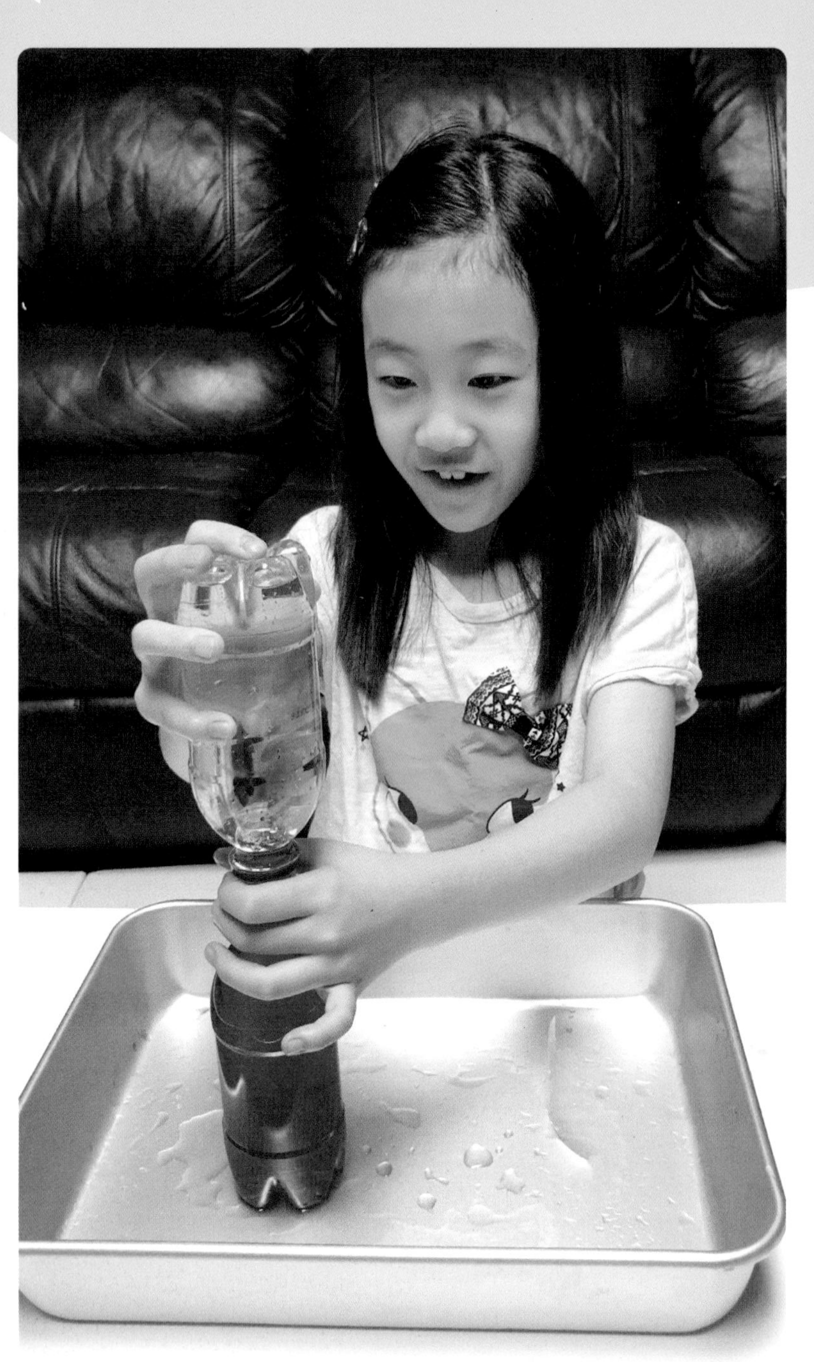

놀이목표

물의 이동, 대류

연계 교육과정

초등5-1 ② 온도와 열

준비물

빨간색 물감, 페트병(300ml 정도) 2개, 플라스틱 판, 넓은 쟁반, 따뜻한 물, 찬물

신과람쌤의 실험노트

물은 보통 위에서 아래로 흐른다고 생각하지요. 하지만 온도 차가 있다면 얘기가 달라집니다. 따뜻한 물이 위에 있고 찬물이 아래에 있을 때도 위에서 아래로 흐를까요? 따뜻한 물이 아래에 있고 찬물이 위에 있을 때는 어떻게 될까요? 실험을 하기 전에 물이 어떻게 흐를지 예측해 보게 하면 아이들은 당연히 위에서 아래로 흘러서 섞일 거라고 해요. 하지만 실험을 통해 예측이 틀렸다는 것을 알게 되고 왜 그런지 호기심을 가지면서 탐구하게 됩니다. 그 과정에서 스스로 가설을 세우고 실험을 설계하고 문제를 해결해 나가게 돼요. 아울러 대류의 개념도 이해할 수 있어요.

Step 1 1층에 찬물 + 2층에 따뜻한 물

1 2개의 페트병에 각각 따뜻한 물과 찬 물을 가득 넣어요. 따뜻한 물에는 빨간색 물감을 섞어서 구분해 줘요.

2 플라스틱 판을 따뜻한 물이 든 페트병 위에 올려서 물이 흘러나오지 않게 꽉 막아요.

플라스틱 판은 일회용 플라스틱 컵 등을 잘라서 만들어요.

3 따뜻한 물 페트병을 뒤집어 찬물 페트병 위에 올려 입구를 맞춘 뒤 플라스틱 판을 살살 빼면서 관찰해요.

판을 빼면 빨간색 물이 내려와서 섞일 것 같아요.

TIP
따뜻한 물이 찬물보다 가볍기 때문에 아래로 내려오지 않아요.

Step 2 1층에 따뜻한 물 + 2층에 찬물

4 이번에는 따뜻한 물 페트병을 아래에 두고, 찬물 페트병의 입구를 플라스틱 판으로 막아 위에 올려요.

5 플라스틱 판을 빼기 전에 어떻게 될지 예측해 봐요.

이번에도 물이 멈춰 있을까?

찬물이 쏟아져 내려올 것 같아요.

6 플라스틱 판을 살살 빼고 관찰해요.

빨간색 물이 위로 올라가요! 화산이 폭발하는 것 같아요.

TIP
따뜻한 물이 찬물보다 가볍기 때문에 위로 올라가는 거예요.

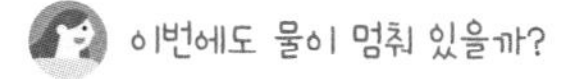

실험 속 과학원리

따뜻한 공기나 물이 가벼워져서 위로 올라가고, 반대로 차가운 공기나 물이 무거워져서 아래로 내려오면서 직접 열을 전달하는 방식을 '대류'라고 해요.

22 채우고 싶어도 채워지지 않는 컵

물을 채우고 채워도 가득 채워지지 않는 신기한 컵이 있어요. 또한 이 컵은 물이 아래로 흘러갈 수 있지만 물을 조금만 채우면 흘러가지 않지요. 신기한 물컵을 만들어 봐요.

놀이목표

공기의 압력, 사이펀의 원리

연계 교육과정

초등3-2 ④ 물질의 상태

준비물

투명한 플라스틱컵 여러 개, 주름 빨대, 물, 물감, 송곳, 점토(글루건), 테이프

신과람쌤의 실험노트

사진 속 컵 안에는 주름 빨대가 있어요. 주름 빨대의 가장 높은 곳까지 물이 차기 전에는 빨대를 통해 물이 떨어지지 않아요. 하지만 컵 안의 빨대가 잠기는 순간부터 빨대를 통해 물이 아래로 떨어져요. 빨대가 물에 잠기면 물의 압력이 공기의 압력보다 커져서 물을 빨대 안으로 밀어 올리고, 빨대를 따라 물이 위로 올라갔다가 아래로 떨어지는 거예요. 그래서 컵에 물을 가득 채우려고 해도 채워지지 않지요. 컵을 기울이지 않고 컵 안의 액체를 위로 끌어올렸다가 더 낮은 곳으로 이동시키는 관을 '사이펀'이라고 해요. 이 컵에서는 바로 주름 빨대가 사이펀의 역할을 하고 있어요. 이 원리를 이용하면 어항을 기울이지 않고도 물을 빼낼 수 있답니다.

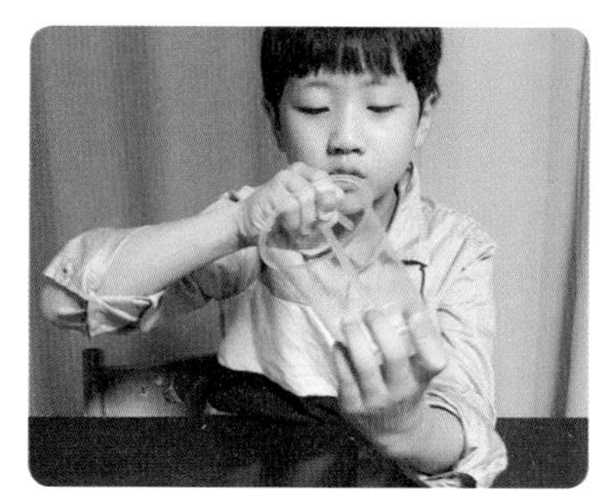

1 컵 바닥 중앙에 송곳으로 구멍을 뚫고 주름 빨대를 넣어요. 빨대의 구부러지는 쪽이 컵 안에 들어가야 합니다.

빨대를 넣기 전에 빨대의 구부러진 모양이 유지되도록 테이프로 붙여요.

2 빨대와 구멍 사이에 물이 새지 않도록 점토로 틈을 메워요. 같은 컵을 총 2개 만들어요.

글루건이 있으면 점토 대신 글루건으로 구멍과 빨대 사이를 채워 주세요.

3 구멍이 뚫리지 않은 일반컵에 물과 빨간색 물감을 넣어 빨간 물을 만들어요. 마찬가지로 파란 물도 준비합니다.

4 2의 컵 아래에 일반컵을 받친 상태에서 2의 컵에 3의 빨간 물을 부어요.

물을 부어도 빨대로 물이 빠져나가지 않아요.

5 빨대를 통해 물이 빠져나가는 순간을 관찰해요.

언제부터 물이 빠져나갔어?

빨대 윗부분이 물에 잠긴 순간부터요.

빨대의 가장 윗부분 위로는 물이 채워지지 않고 아래로 흘러가는구나.

6 이번에는 3층으로 쌓아 봐요. 2의 다른 컵에 주름 빨대의 중간까지만 파란 물을 부어요. 맨 아래는 일반컵을 받친 상태여야 합니다.

7 빨대가 있는 컵을 하나 더 올리고, 맨 위에 있는 컵에 빨간 물을 부어요.

두 가지 색의 물을 다 넣어도 물이 빠져나가지 않아요. 꼭 마술 같아요!

8 빨간 물이 주름 빨대의 가장 윗부분을 채우는 순간 물이 아래로 빠져나가요.

빨간 물과 파란 물이 섞여서 보라색 물이 됐어요. 보라색 물이 컵을 넘칠 것 같아요.

9 보라색 물이 주름 빨대의 윗부분을 채우는 순간 물이 아래로 빠져나가요.

보라색 물이 다 빠져나가고 있어요. 컵 안에 물은 넘칠 수가 없네요.

23 물에 넣으면 그림이 사라져요

물 속에 들어가면 마술처럼 사라지는 그림이 있어요! 아이와 함께 마술 그림을 만들고 사라지게 하는 실험을 해 보세요. 빛의 굴절에 대해 저절로 알게 돼요.

놀이목표

전반사, 빛의 굴절

연계 교육과정

초등6-1 ⑤ 빛과 렌즈

준비물

일회용 투명컵 2개, 흰 종이, 가위, 매직(네임펜), 지퍼백, 물, 큰 그릇

신과람쌤의 실험노트

빛은 공기중에서는 직진해요. 하지만 빛은 공기에서 물로 들어갈 때나 물에서 공기로 나갈 때는 굴절하는 특징이 있어요. 빛의 속력이 물보다 공기에서 더 빠르기 때문에 나타나는 현상이에요. 특히 물에서 공기로 나갈 때 빛은 각도에 따라 마치 거울처럼 모두 반사되어 볼 수 없게 되는데, 이런 현상을 '전반사'라고 해요. 이 현상을 이용해 그림이 사라지는 마술을 할 수 있어요. 두 그림 중에 어떤 그림이 없어질지 생각하면서 마술 그림을 그려 보세요.

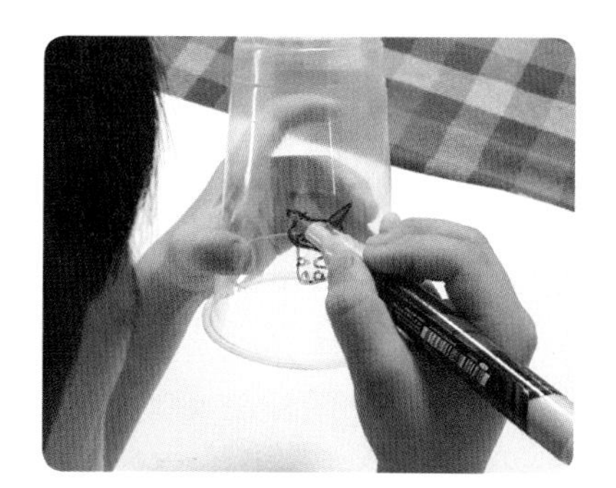

1 투명컵에 그림을 그려요. 이 그림은 물속에 들어가면 사라질 그림이에요.

2 다른 투명컵을 1의 컵 위에 겹친 후 그림을 그려요. 밖에 그리는 이 그림은 물에 들어가도 보이는 그림이에요.

3 물 안에서 그림이 어떻게 보일지 예상하며 이야기 나눠요.

물 밖에서는 피카츄가 보이는데, 물 안에 들어가면 피카츄가 어떻게 될까?

4 컵 2개를 겹친 후 물속에 넣어요.

컵 사이에 물이 들어가지 않게 잘 겹쳐요. 물이 들어가면 마술이 일어나지 않는답니다.

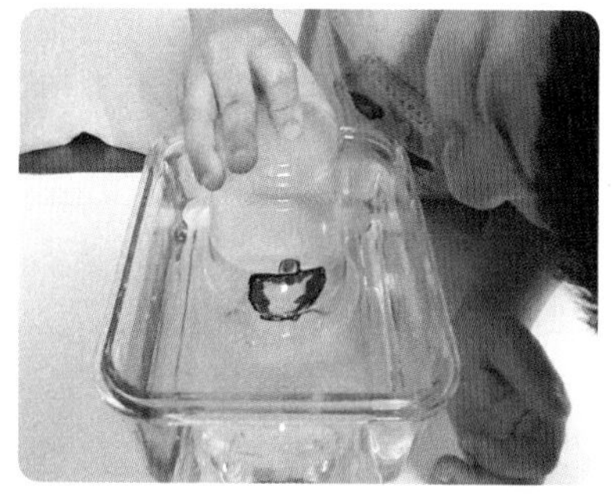

5 그림이 물에 잠기도록 한 후, 그림을 위에서 비스듬히 내려다봐요.

우와! 안쪽 컵에 있던 피카츄 그림이 사라졌어요!

옆에서 보면 그림이 사라지지 않고 그대로 보이니 꼭 위에서 보도록 해요.

▼

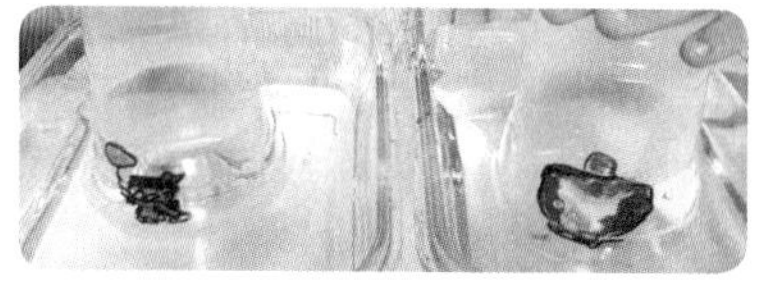

6 가족들과 여러 그림을 그려서 사라지는 그림 놀이를 해 보세요. 누구의 그림이 가장 신기한지 뽑아 보세요.

탐구 더하기

컵 대신 종이와 지퍼백을 이용해도 돼요. 흰 종이에 그림을 그린 후 지퍼백에 넣고, 지퍼백에도 그림을 그려요. 이를 물에 넣은 후 위에서 비스듬히 내려다보면 종이에 그린 그림이 사라져요!

▶

24 중력을 거스르며 공중에 뜨는 그림

헬륨 풍선처럼 내 그림이 하늘에 둥둥 뜨면 얼마나 좋을까요? 그림을 띄울 수 있는 방법이 있어요.
바로 자석의 힘을 이용하면 된답니다.

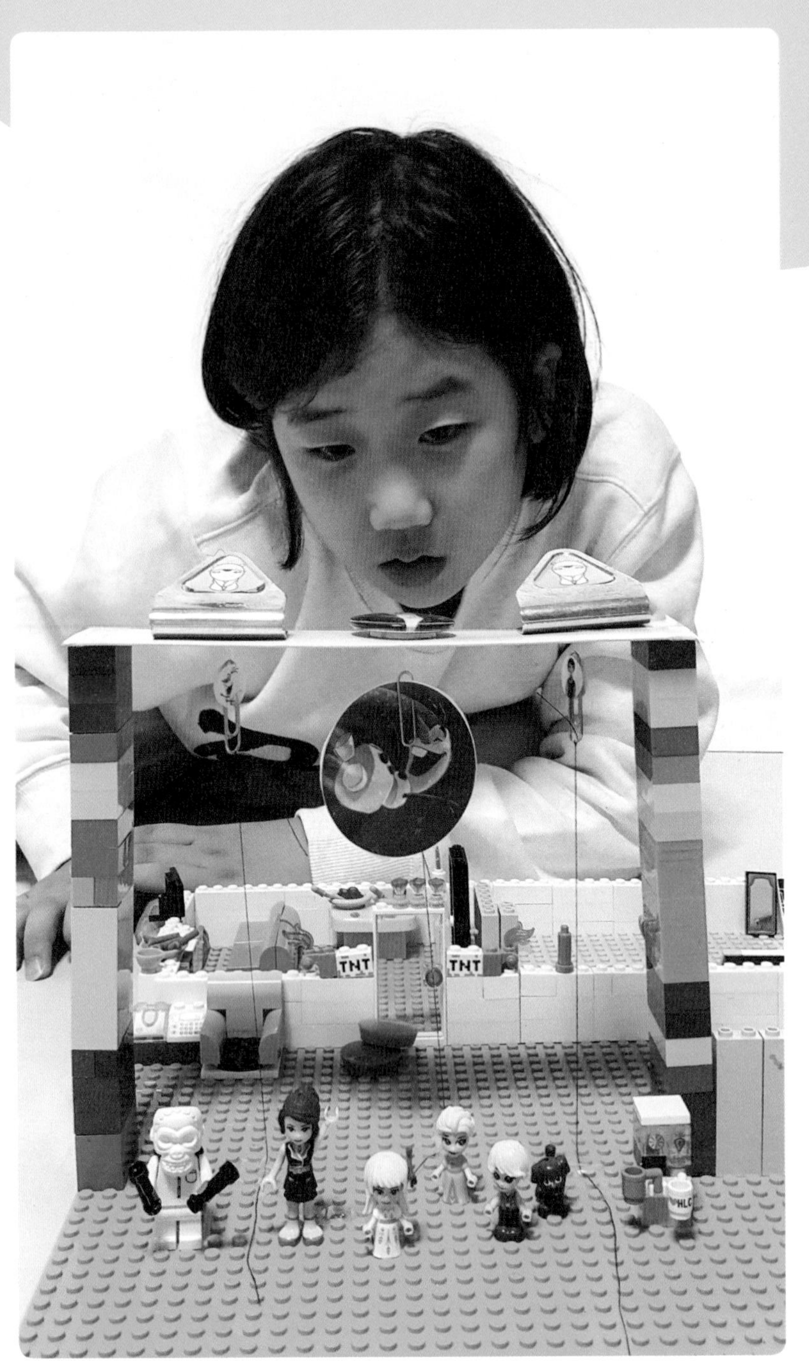

놀이목표

자석의 성질

연계 교육과정

초등3-1 ④ 자석의 이용

준비물

자석, 클립, 두꺼운 종이, 블록, 실,
스티커나 그림, 테이프

신과람쌤의 실험노트

자석은 자기적인 성질, 즉 자성을 가지고 있는 신기한 물체예요. 클립이나 못 같은 철에 자석을 가까이 하면 물체가 자석에 달라붙어요. 또 자석과 자석을 가까이 하면 서로 끌어당기거나 밀어내요. 클립을 자석 가까이에 가져가면 클립이 자석에 끌려가는데 그 자석의 힘을 '자기력'이라고 해요. 자기력이 작용하는 공간을 '자기장'이라고 하지요. 클립을 자석에서 천천히 떨어뜨리면 어느 순간 클립이 자석에 끌려가지 않아요. 클립이 자기장을 벗어났기 때문이에요. 클립이 자석에 붙어 있지는 않지만 자기력이 있는 공간에 있어서 아래로 떨어지지 않는 현상을 이용하여 위로 뜨는 그림을 만들어 봐요.

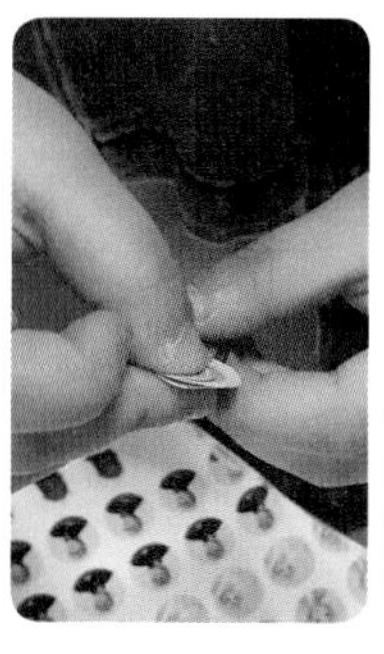
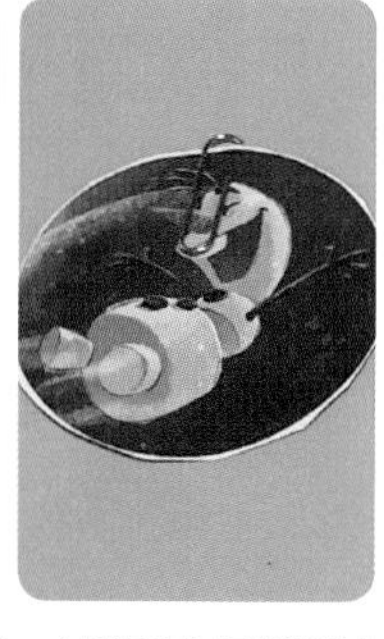

1 클립에 좋아하는 스티커를 붙이거나 그림을 끼워요.

클립이 그림에 다 가려지지 않도록 클립 윗부분이 약간 나오게 끼워요.

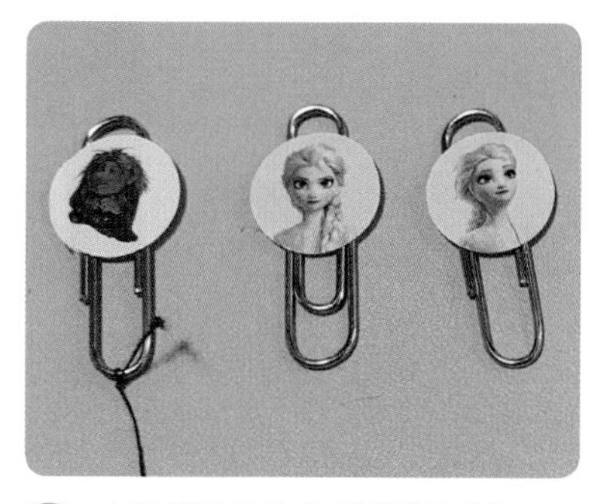

2 실을 길게 자른 후 클립에 묶어요.

두꺼운 털실보다 얇은 실이 좋아요.

3 블록을 이용하여 그림을 띄우고 싶은 공간을 만들고, 사진과 같이 기둥 2개를 세워요.

두 기둥의 높이가 같도록 쌓아요.

4 두 기둥 위에 두꺼운 종이를 올리고 테이프로 고정해요. 종이 위에 자석을 올려 놓아요. 종이 아래쪽에 자석을 붙여도 좋아요.

자성이 강한 자석일수록 그림을 잘 띄울 수 있어요.

5 자석 아래쪽 바닥의 블록에 그림과 연결한 실을 테이프로 붙여요. 이때 클립이 자석에 붙지 않을 정도로 실의 길이를 조절해요.

와! 그림이 떨어지지 않고 공중에 떠 있어요.

자석이 클립을 잡아당기고 있기 때문이야.

6 자석을 여러 개 올려놓은 후 그림도 여러 개 띄워 보세요.

떠 있는 그림과 함께 블록놀이를 하면 더 재미있어요.

탐구 더하기

집 안에 있는 물건 중에 자석에 붙는 것은 무엇이 있는지 찾아보세요.

자석에 붙는 물건	
자석에 붙지 않는 물건	

25 손 대지 않아도 돌아가는 빙글빙글 자석 장난감

자석은 아이들이 무척 좋아하는 놀잇감이지요. 냉장고에 메모지를 붙일 때 흔히 사용하는 동그란 자석을 이용해 빙글빙글 돌아가는 장난감을 만들어 보세요.

놀이목표

자석의 성질

연계 교육과정

초등3-1 ④ 자석의 이용

준비물

메모 부착용 자석 2개(그중 1개는 빨대를 끼울 구멍이 있는 것), 도화지, 굵은 빨대, 가위, 테이프, 글루건(양면테이프)

신과람쌤의 실험노트

메모를 붙일 때 쓰는 자석 2개를 서로 가까이 해 보세요. 두 자석 사이에 서로 밀거나 당기는 힘이 작용하지요? 둥근 자석의 극은 어디에 있을까요? 둥근 자석끼리 서로 밀거나 당기는 힘이 가장 강하게 느껴지는 위치를 찾으면 알 수 있어요. 막대자석은 양끝에 N극과 S극이 있지만, 둥근 자석은 둥그런 윗면과 아랫면에 N극과 S극이 있어요. 그래서 둥근 자석의 극과 같은 극을 가까이 하면 서로 밀어내는 힘이 작용하지요. 한번 밀려난 자석 장난감을 같은 방향으로 계속 미는 힘을 주면 장난감은 회전하게 됩니다. 마치 그네를 탄 친구를 밀어 줄 때 앞으로 나가는 방향으로 힘을 주면 그네가 더 높이 나가는 것처럼요.

1 회전 장난감에 어울리는 그림을 도화지에 그려요.

그림이 너무 크면 회전할 때 쓰러질 수 있으니 빨대 길이를 벗어나지 않도록 해요.

2 가위로 조심해서 그림을 오려요.

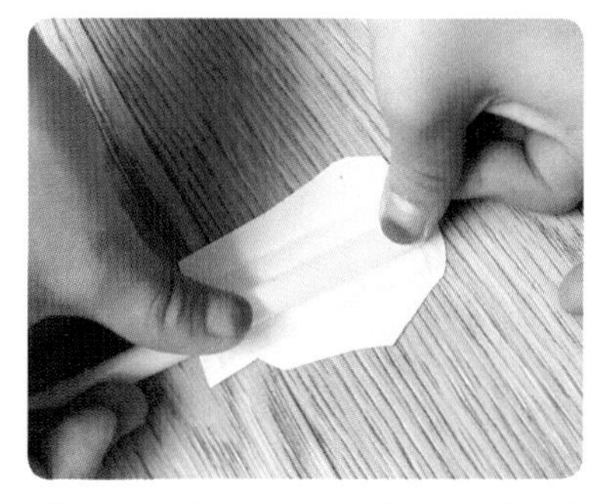

3 굵은 빨대를 10cm 정도의 길이로 잘라서 테이프로 그림의 중앙에 붙여요.

중앙에서 벗어나면 회전할 때 기울어질 수 있어요.

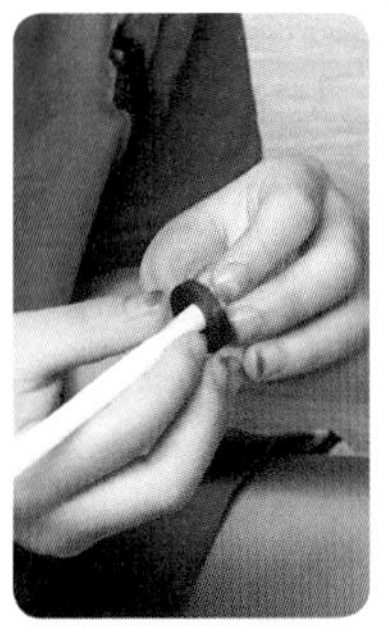

4 메모 부착용 자석을 플라스틱캡과 분리해요. 빨대 아래쪽에 가위집을 낸 뒤 자석의 구멍으로 통과시켜요. 가위집이 난 빨대 끝을 펼쳐서 자석을 씌웠던 플라스틱캡에 글루건으로 붙여요.

5 또 다른 자석을 가져와서 내가 만든 장난감에 가까이 해 봐요.

서로 당기는 것 같아요.

어떻게 해야 빙글빙글 돌아갈까?

자석이 자석을 밀게 해 볼까요?

6 어떻게 해야 자석 장난감이 잘 회전할지 생각해 봐요.

바닥이 미끄러우면 더 잘 회전할 것 같아요. 매끄러운 의자 위에서 해 볼게요.

실험 속 과학원리

장난감을 더 빠르게 회전시키려면 자석을 더 센 것을 쓰면 돼요. 또는 회전을 방해하는 힘을 줄이는 방법도 있어요. 방바닥의 마찰이 회전을 방해하므로 최대한 미끄러운 바닥을 찾아요. 장난감 윗부분이 무거우면 회전하다가 쓰러지기 쉬우므로, 장난감의 무게 중심을 최대한 아래로 두는 게 좋아요.

26 공기를 내뿜으며 이동하는 풍선 호버크래프트

공기가 빠져나오면서 풍선 괴물이 이리저리 움직여요! 공중에 살짝 떠서 땅 위나 물 위에서도
움직일 수 있는 호버크래프트를 집에서도 간단하게 만들 수 있어요.

놀이목표

공기의 힘(기압), 작용 반작용의 법칙,
마찰력 비교

연계 교육과정

초등3-2 ④ 물질의 상태
초등5-2 ④ 물체의 운동

준비물

어린이 음료수 뚜껑(피피캡), 풍선, CD,
유성펜, 테이프, 클립, 글루건(순간접착제),
손펌프, 가위, 색종이나 털실

신과람쌤의 실험노트

호버크래프트란 배 밑부분에 공기를 넣은 후, 이 공기를 아래로 내뿜는 강한 힘을 이용해 공중에 살짝 떠서 이동하는 배를 말해요. 그래서 땅뿐만이 아니라 물 위에서도 이동할 수 있는데, 물 위에서는 땅보다 마찰력이 적어서 더 빠르게 이동할 수 있어요. 집에서도 풍선과 CD를 이용해 호버크래프트를 만들 수 있어요. 풍선에서 공기가 빠져나오면서 CD를 살짝 들어올리는 원리예요. 바닥과의 마찰이 적어져 살짝만 밀어도 미끄러지듯이 움직인답니다. 여러 개를 만들어 출발점에 세워 놓고 누가 더 많이 이동하는지 시합도 해 보세요.

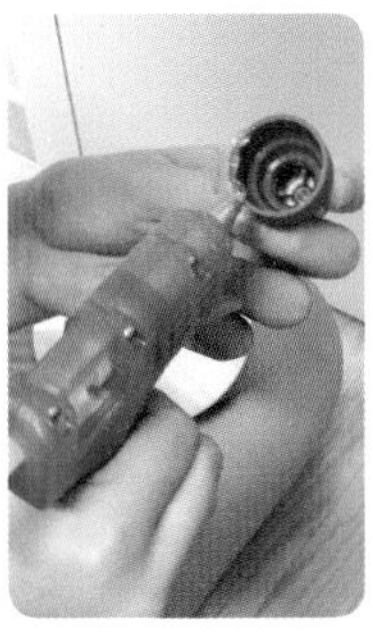
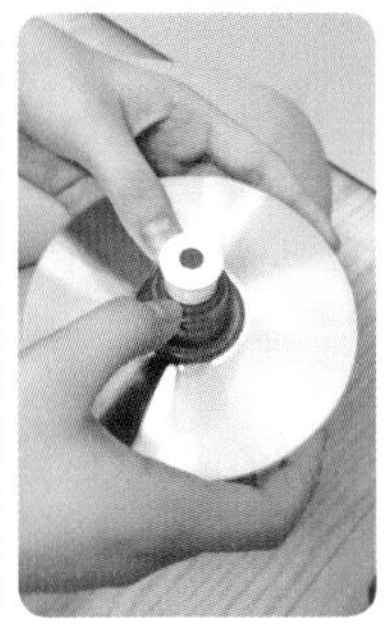

1 피피캡의 아래쪽 테두리에 글루건을 묻힌 후, CD의 중앙에 붙여요.

글루건을 CD가 아니라 피피캡에 묻히는 것이 더 간단하고 깔끔하게 붙어요. 위험하니 엄마가 해 주세요.

2 풍선에 공기를 넣은 후 입구를 돌돌 만 다음 바람이 빠지지 않도록 클립으로 고정해요.

풍선에 공기를 많이 넣을수록 CD를 많이 움직이게 할 수 있어요.

3 유성펜으로 괴물 얼굴을 그려요. 색종이나 털실을 이용해 머리카락도 표현해요.

무슨 괴물을 그려 볼까?

귀신! 드라큘라!

머리카락을 너무 많이 붙이면 무거워서 잘 움직이지 않아요.

4 풍선 입구를 벌려서 피피캡에 끼워요. 입구 위치를 조절해서 풍선이 바로 서 있도록 해요.

피피캡 뚜껑은 닫혀 있어야 해요.

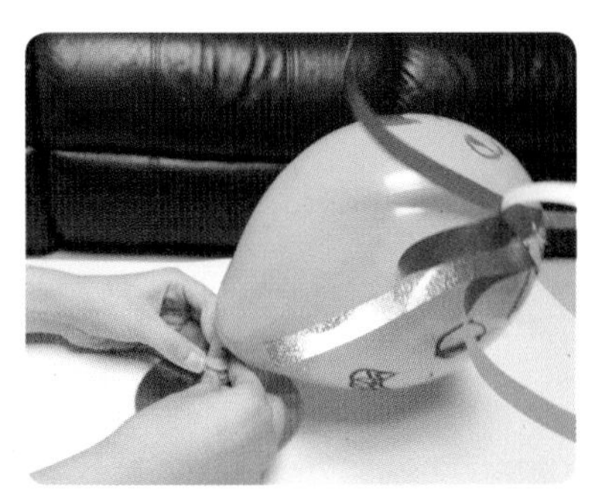

5 클립을 빼고, 돌돌 말린 입구를 풀어 주세요.

바람이 빠지면 괴물이 어떻게 될까?

위로 올라갈 것 같아요.

6 피피캡 뚜껑을 올려서 공기가 빠져나가게 한 다음, CD를 살짝 밀어 봐요.

CD가 이리저리 움직여요.

풍선에서 나오는 공기의 힘 때문에 CD가 살짝 떠서 이동하는 거야.

여러 장소에서 해 보면서 어디에서 잘 움직이는지 비교해 봐요.

호버크래프트는 물 위에 살짝 떠서 마찰력이 거의 없는 상태로 이동하는 배예요. 원형팬이 공기를 불어넣어 배 아래쪽에 공기 쿠션을 만들어 주기 때문에 물 위에 뜨는 거랍니다. CD호버크래프트에서는 풍선이 원형팬의 역할을 해요. 풍선에서 나오는 공기의 힘(작용)으로 CD가 이동(반작용)하는 거지요. 즉, 공기가 빠져 나오면서 물체를 이동시키는 '작용 반작용의 원리'랍니다.

27 음악에 맞춰 춤을 춰요 뱀들의 댄스 배틀

모루끈으로 작은 뱀을 만들어서 일회용 접시 위에 올려놓아요. 이제 뱀들에게 음악을 들려 주세요. 어떤 일이 일어날까요?

놀이목표

소리의 원리, 진동과 움직임

연계 교육과정

초등3-2 ⑤ 소리의 성질

준비물

모루끈, 색종이, 가위, 일회용 은박 접시, 핸드폰

신과람쌤의 실험노트

소리가 나는 것들에는 무엇이 있나요? 피아노나 리코더 같은 악기도 있고, 똑똑 하고 두드리면 문에서도 소리가 나고, 핸드폰에서도 소리가 나요. 소리가 나는 물체에 손을 가만히 대 보면 떨림이 느껴져요. 즉, 진동이 있는 물체는 소리를 만들어 내요. 소리가 클수록 진동도 커요. 핸드폰의 소리를 키우고 그 위에 은박 접시를 놓으면 은박 접시도 크게 진동해요. 이 진동이 모루끈에 전해지면 진동에 의해서 뱀이 움직여요. 소리는 접시와 같은 고체를 통해 잘 전달되는 성질이 있고, 공기를 통해서도 전달되어 우리 귀에 들리지요.

Step 1 모루끈으로 뱀 만들기

1 모루끈을 아이 손가락 길이 정도로 잘라서 구부려 뱀을 만들어요.

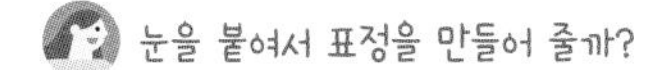

눈을 붙여서 표정을 만들어 줄까?

2 뱀을 일회용 은박 접시 위에 올려놓아요.

모루끈의 털이 접시에 많이 접촉해 있어야 잘 움직여요.

3 핸드폰이나 스피커를 준비해요.

Step 2 진동은 뱀도 춤추게 한다

4 핸드폰으로 음악을 크게 틀고, 소리가 나는 부분에 접시를 올려놓아요.

우와, 뱀들이 춤을 춰요.

핸드폰에서 나는 소리가 은박 접시를 진동시켜서 뱀도 움직이는 거예요.

5 볼륨을 키우거나 낮추면서, 속도가 빠르거나 느린 음악으로 바꾸면서 뱀의 움직임의 변화를 관찰해요.

소리가 클수록, 리듬이 빠를수록 뱀이 잘 움직여요.

6 은박 접시 위에 소금을 뿌려서 관찰해요.

소금은 어떻게 될까?

소금도 같이 움직여요!

실험 속 과학원리

핸드폰의 소리를 크게 해 놓으면 배터리가 빨리 소모되지요? 배터리는 핸드폰을 작동시키는 에너지를 갖고 있는데, 그 에너지를 이용해 소리를 내기 때문이에요. 소리도 에너지예요. 에너지를 가진 소리는 모루끈 뱀을 움직이게 할 수 있지요. 이처럼 에너지는 물체를 움직이게 할 수 있답니다.

28 색깔아 변해라 얍! 적양배추 지시약 만들기

투명한 물에 보라색 물을 섞으면 옅은 보라색 물이 되지요. 그런데 보라색 양배추물을 넣으면 투명했던 용액들이 빨간색, 파란색이 된답니다. 무슨 마법을 부린 걸까요?

놀이목표

물질의 성질, 산성·염기성·중성

연계 교육과정

초등5-2 ⑤ 산과 염기

준비물

적양배추, 식초, 베이킹소다, 투명 컵, 비닐 장갑, 투명 계란판, 물, 우유, 여러 가지 음료수와 세제류, 스포이드(굵은 빨대)

신과람쌤의 실험노트

회를 먹기 전에 레몬즙을 뿌리는 이유는 뭘까요? 벌에 쏘이면 왜 암모니아수를 바를까요? 땀 냄새가 나는 옷을 빨 때 구연산이나 식초를 넣으면 왜 땀 냄새가 없어질까요? 이건 모두 산성이나 염기성인 것을 중화시켰기 때문이에요. 물질이 중화되면 냄새나 독이 사라지거든요. 그럼 어떤 물질이 산성인지 염기성인지 어떻게 알 수 있을까요? 이때는 지시약을 사용하면 됩니다. 지시약이란 화학적 변화가 일어나는 과정을 명확하게 관찰하기 위해 넣는 물질을 말합니다. 적양배추, 포도, 검은콩 등에 들어 있는 안토시아닌은 천연 지시약으로 이용됩니다. 오늘은 적양배추를 지시약으로 사용해서 산성과 염기성을 구분해 봐요.

Step 1 적양배추즙 색 변화 확인하기

1 적양배추를 잘게 잘라 냄비에 물과 함께 끓인 후 식혀요.

적양배추를 끓이지 않고 잘게 잘라 하루 정도 물에 담가 둬도 돼요.

2 비닐 장갑을 끼고 컵 3개에 적양배추즙을 부어요. 1번 컵에 베이킹소다를 붓고 색의 변화를 관찰해요.

보라색이었던 적양배추즙이 무슨 색으로 변했지?

파란색으로 변했어요.

적양배추즙의 안토시아닌은 염기성 물질과 만나면 푸른색으로 변해요.

3 2번 컵은 그대로 두고 이번에는 3번 컵에 식초를 붓고 색의 변화를 관찰해요.

식초를 부으니까 빨간색이 됐어요!

적양배추즙의 안토시아닌은 산성 물질과 만나면 붉은색으로 변해요.

TIP

1번의 파란 물과 3번의 빨간 물을 섞으면 산성과 염기성이 만나 중화되어 다시 보라색이 돼요.

Step 2 물질의 산염기 알아보기

4 샴푸, 린스, 손소독제, 락스, 식기세정제, 사이다, 우유 등 실험에 사용할 물질을 준비해요.

세정제류는 위험하니 조금만 사용해요.

5 투명 계란판에 준비한 물질을 넣어요. 각각 어떤 색으로 변할지 예상해 봐요.

우유는 산성일까, 염기성일까?

6 스포이드를 이용해 각 물질에 적양배추즙을 넣어서 색 변화를 관찰해요.

락스는 초록색이었는데 노란색으로 변했어요!

아주 강한 염기성이라서 그래.

실험 속 과학원리

베이킹소다, 락스 등의 세정제는 염기성이에요. 강한 염기성일수록 파란색→초록색→노란색으로 변해요. 식초, 음료수 등은 산성이어서 빨간색으로 변해요. 우유와 손세정제는 그대로 보라색을 띠므로 중성이라는 것을 알 수 있어요.

29 작아졌다 커졌다 마시멜로의 변신

입 안에 넣으면 사르르 녹는 달콤한 마시멜로! 만져 보면 폭신폭신해서 눌렀다 떼면 원래 모양으로 되돌아와요. 손 대지 않고 마시멜로를 작아지게 또 커지게 해 볼까요?

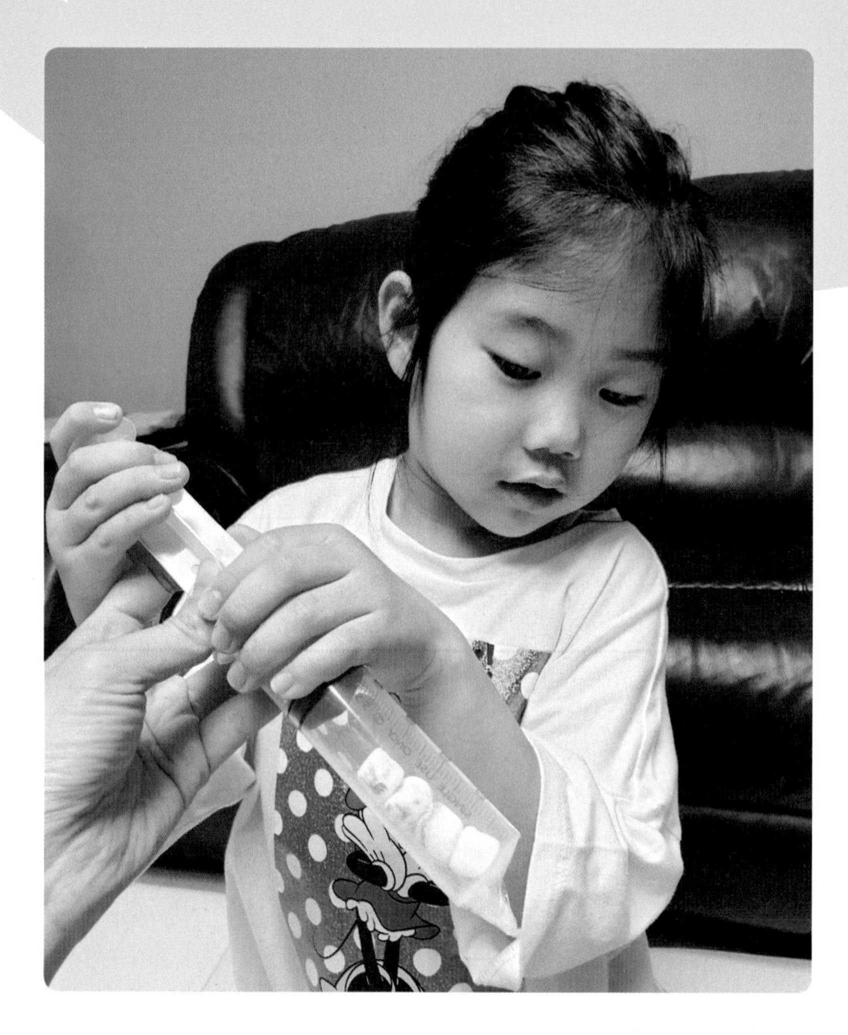

놀이목표

공기의 압축과 팽창, 기체의 부피

연계 교육과정

초등6-1 ③ 여러 가지 기체

준비물

작은 마시멜로, 바늘 없는 큰 주사기, 네임펜, 테이프

신과람쌤의 실험노트

마시멜로는 우리 눈에는 보이지 않지만 공기를 많이 포함하고 있어요. 그래서 만졌을 때 폭신폭신한 느낌이 들고, 꼬치에 끼워 구우면 부풀어 올라요. 열을 받으면 공기의 부피가 커지면서 마시멜로가 부푸는 거예요. 공기는 누르는 힘(압력)으로도 크기가 변해요. 압력이 커지면 공기의 부피는 작아지고, 압력이 작아지면 공기의 부피는 커져요. 이것을 관찰하기 좋은 도구가 바로 주사기입니다. 주사기 안에 마시멜로를 넣고 압력이 변할 때 마시멜로가 어떻게 변하는지 관찰해 봐요.

Step 1 마시멜로 주사기 만들기

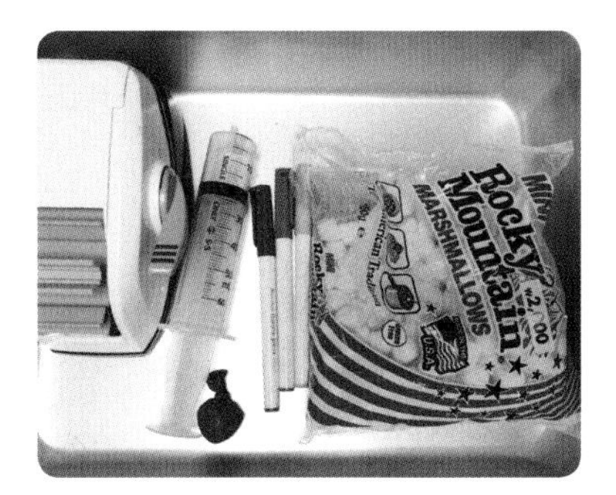

1 작은 마시멜로와 큰 주사기를 준비해요. 마시멜로를 손으로 만져 봐요.

폭신폭신하고 말랑말랑해요.

마시멜로 대신 작은 풍선을 불어 사용해도 돼요.

2 네임펜으로 마시멜로에 그림을 그린 다음 주사기에 넣어요.

선명한 색깔의 네임펜을 사용해서 그리면 부피 변화를 더 쉽게 관찰할 수 있어요.

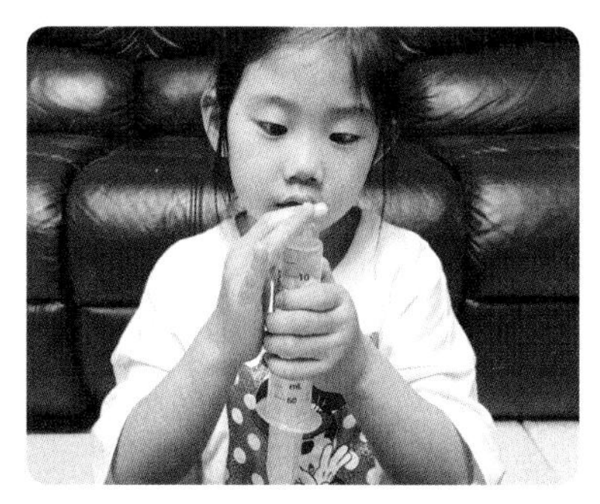

3 피스톤을 중간까지 밀어 넣은 후 테이프로 주사기 입구를 꼼꼼히 막아요.

테이프로 입구를 먼저 막으면 주사기 손잡이가 들어가지 않아요.

Step 2 마시멜로 크기 변화시키기

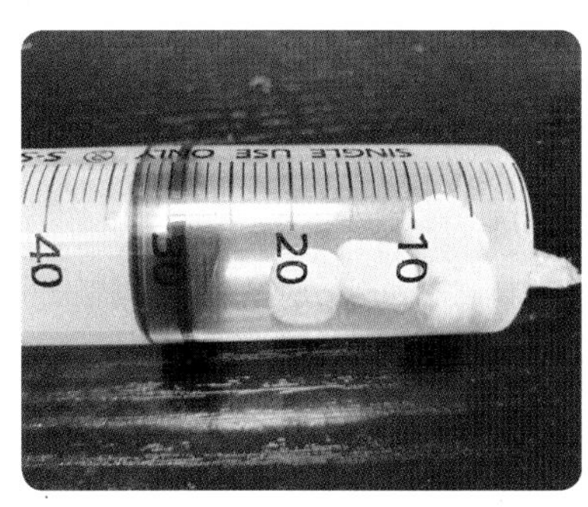

4 피스톤을 밀거나 당기면 어떤 일이 일어날지 예측해 봐요.

피스톤을 밀면 마시멜로는 어떻게 될까?

마시멜로가 주사기 끝으로 가서 한 덩어리로 붙을 것 같아요.

5 피스톤을 힘껏 밀거나 당기면서 마시멜로의 크기 변화를 관찰해요.

피스톤을 밀면 주사기 속 부피가 작아지면서 압력이 커져요. 그러면 마시멜로 속 공기가 작아지면서 마시멜로가 작아져요. 반대로 피스톤을 당기면 주사기 속 부피가 커지면서 압력이 낮아져요. 그러면 마시멜로 속 공기가 커지면서 마시멜로가 커져요.

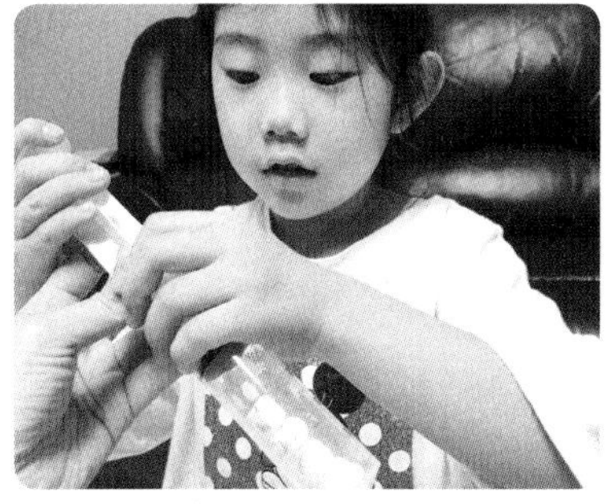

6 밀었던 피스톤을 놓으면 어떻게 되는지 관찰해요.

어? 피스톤이 저절로 움직여서 원래 위치로 돌아가요!

외부 힘이 없어지면 안정된 상태인 원래 모습으로 돌아가는 거예요.

실험 속 과학원리

고체와 액체는 눈에 보이고 만질 수 있지만, 기체는 눈에 보이지 않아 아이들이 체감하기 어려워요. 피스톤을 끝까지 밀어 넣으려고 해도 더 이상 들어가지 않는 경험을 통해, 아이들은 주사기 속에 눈에 보이지는 않지만 마시멜로 외에 무언가가 있고, 그것이 기체라는 것을 알게 됩니다.

30 비추면 나타나요 거울 속 숨은그림찾기

거울로 비춰 보면 실제로 보는 것과 어떻게 다를까요? 글자와 그림을 거울에 비춰 보세요.
거울 하나만으로 신기한 놀이를 할 수 있어요.

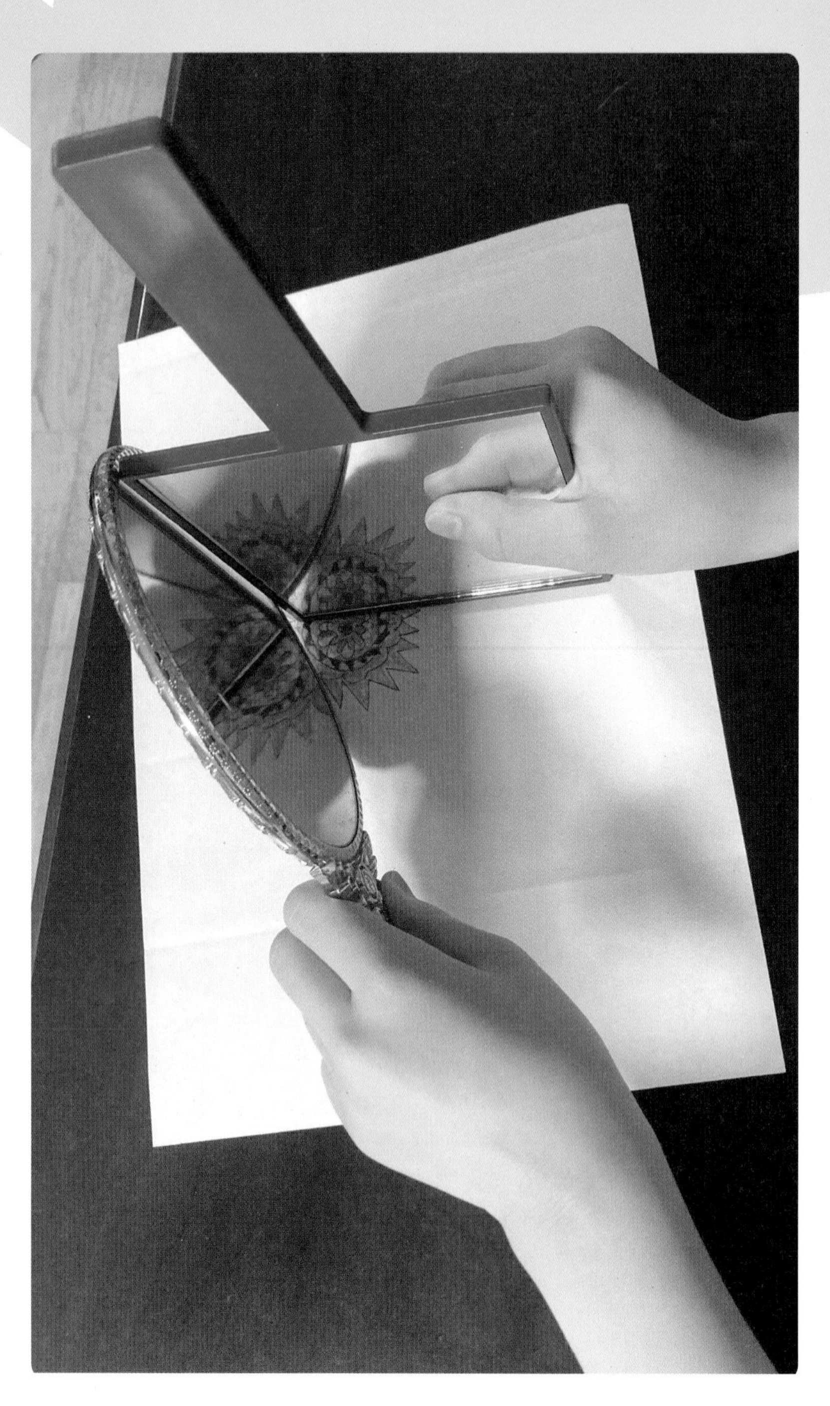

놀이목표
거울의 성질

연계 교육과정
초등4-2 ③ 그림자와 거울

준비물
손거울, 도화지, 색연필

신과람쌤의 실험노트

거울은 집안 곳곳에 있어요. 화장실 세면대 위에도 있고, 엄마의 화장대에도 있어요. 거울을 보면서 오른손을 흔들면 거울 속에 있는 나는 왼손을 흔드는 것처럼 보여요. 티셔츠에 쓰인 글자도 거울로 보면 이상하게 비쳐요. 거울은 왼쪽과 오른쪽이 뒤집힌 모양으로 보이기 때문이에요. 볼록 거울이나 오목 거울을 보면 실제 모습과는 많이 다르게 보여요. 예를 들어 숟가락의 볼록한 쪽으로 보면 얼굴이 작아 보이고, 오목한 쪽으로 보면 얼굴이 깜짝 놀랄 만큼 커 보여요. 거울의 이러한 특징을 이용해서 숨은 글자 찾기도 해 보고 신기한 그림도 만들어 봐요.

1 엄마가 도화지에 '사랑해'가 포함된 10여 글자를 거꾸로 써서 준비해요.

엄마가 여기에 비밀 글자를 숨겨 놨어.

2 아이가 도화지 한쪽 끝에 거울을 세워 놓고 숨겨진 글자를 찾도록 해요.

어떤 글자가 숨어 있어?

찾았어요. '사랑해'가 숨어 있어요.

3 이번에는 그림을 변신시켜 봐요. 엄마가 아래 설명대로 사람의 옆모습을 그려서 준비해요.

거울을 가운데에 놓으면 어떻게 보일까?

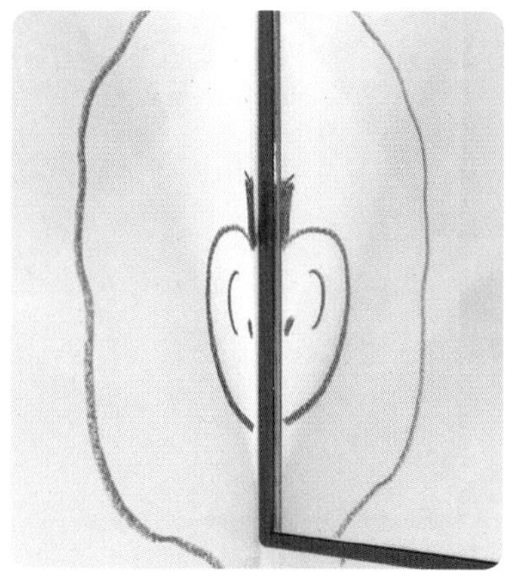

4 도화지의 가운데에 거울을 놓고 사과를 비춰요.

어떤 모양이 보여?

아하, 사과를 숨겨 놓았네요!

5 도화지에 꽃을 그린 후 거울 두 개를 이용해서 그림을 비춰 봐요.

우와, 꽃이 여러 개가 됐어요.

6 거울 두 개를 움직이며 가장 마음에 드는 모양을 찾아봐요.

손거울을 사용할 때 깨뜨리지 않도록 주의해요.

놀이 더하기

숨은 그림 만들기

도화지를 반으로 접었다가 펴서, 가운데 선을 기준으로 왼쪽에 사과의 반쪽을 그려요. 오른쪽에는 사람의 옆모습을 그려요. 이때 사과를 사람의 귀로 이용해요. 사과 외에도 수박, 나비 등 좌우대칭인 물체나 동물을 숨길 수 있어요.

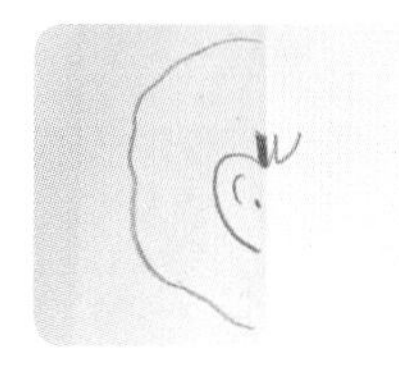

31 바람을 안 불어도 스스로 꺼지는 촛불

생일 케이크 위의 촛불은 '후~' 하고 바람을 불면 꺼져요.
그런데 바람을 불지 않고도 촛불을 끌 수 있는 방법이 있어요. 과연 어떤 방법일까요?

놀이목표

산소의 역할, 공기 중 산소의 비중

연계 교육과정

초등6-1 ③ 여러 가지 기체
초등6-2 ③ 연소와 소화

준비물

접시, 짧은 양초, 라이터, 길고 두명한 유리병 또는 유리컵, 색소, 고무줄, 계량컵

신과람쌤의 실험노트

촛불을 병으로 덮으면 시간이 조금 지난 뒤 촛불이 꺼지는 것을 관찰할 수 있는 실험이에요. 그런데 왜 촛불이 꺼질까요? 초가 타기 위해서는 산소가 필요한데, 병으로 덮으면 병 속에 산소를 계속 공급해 줄 수 없기 때문이에요. 초가 병 속의 산소를 모두 사용하고 나면 더 이상 태울 산소가 없어서 촛불이 꺼지는 거예요. 그런데 촛불이 꺼진 후 신기하게도 접시에 있던 물이 병 속으로 올라와요. 아이와 함께 이 과정을 주의 깊게 관찰하고 왜 이런 현상이 일어나는지 이야기 나눠 보세요.

Step 1 병으로 촛불 덮기

1 짧게 자른 초를 접시에 세우고, 색소를 탄 물을 접시에 부어요. 병에는 고무줄을 감아요.

색소는 쉽게 관찰하기 위해 넣은 거예요.

2 라이터로 초에 불을 붙이고 실험 결과를 예상해 봐요. 초가 쓰러지거나 아이가 불 가까이 가지 않도록 조심해요.

병으로 초를 덮으면 어떻게 될까?

3 촛불이 꺼지지 않게 조심하면서 병으로 덮고, 촛불이 어떻게 되는지 관찰해요.

초가 꺼지면서 물이 올라갔어요!
초가 둥둥 떠다녀요.

물이 왜 올라갔을까?

Step 2 병 속의 산소 양 측정하기

4 올라온 물의 양을 측정하기 위해 고무줄을 물이 올라온 위치에 맞춰요. 그런 다음 병을 조심스럽게 들어 올려요.

병을 들면 물이 어떻게 될까?

5 병에 물을 가득 채워요. 물을 고무줄 높이만큼 계량컵에 따라요.

물의 양이 얼마큼인지 눈금을 읽어 볼까?

100이에요.

그럼 초를 태우면서 없어진 산소의 양이 100이라는 거네.

6 병에 남은 물을 모두 계량컵에 부어요. 병 전체의 부피와 그 안에 있던 산소의 양을 비교해요.

전체 양은 500이에요.

병 속 공기는 500이고, 그중 산소는 100만큼 있었구나.

실험 속 과학원리

병 속의 물은 왜 올라갔을까요? 초는 병 속의 산소를 사용해 타면서 열과 빛을 내요. 그래서 산소를 다 사용하면 초가 꺼져요. 열을 더 이상 받지 못한 병 속의 공기가 식어서 공기 입자의 움직임이 적어져 차지하는 공간이 줄어들어요. 따뜻할 때는 병 속 전체를 다니며 공간을 차지하지만, 식으면 원래 자기 자리만큼만 차지하게 돼요. 그래서 초가 사용한 산소만큼 빈 공간이 생기는 거죠. 산소가 없어진 공간만큼 병 바깥쪽 공기가 물을 밀어 올려준 거예요.

32 오르락내리락 페트병 잠수부 놀이

잠수복을 입고 바닷속에 들어가서 물고기도 만나고 해초들도 만지고 싶지요? 바닷속에서 바라본 하늘은 또 얼마나 예쁠까요? 잠수부를 만들어 바닷속 여행을 떠나 봐요!

놀이목표

부력, 무게, 힘의 평형

연계 교육과정

초등4-1 ④ 물체의 무게
초등5-2 ④ 물체의 운동

준비물

생수 페트병(500ml), 주름 빨대, 가위, 클립, 플라스틱 포장 용기, 매직, 물

신과람쌤의 실험노트

부력이란 물이 물체를 밀어 올리는 힘이에요. 물에 잠긴 물체는 무게가 부력보다 크면 가라앉고, 같거나 작으면 물에 떠요. 잠수함은 물탱크가 있어서 그곳에 물을 넣으면 무게가 부력보다 커져 가라앉고, 물을 빼고 공기를 넣으면 부력이 커져서 떠올라요. 이 원리를 이해하기 위해 페트병에 잠수부를 넣어 봐요. 잠수부에 달린 빨대의 부력을 조정해서 잠수부가 가라앉거나 뜨도록 할 수 있어요. 어떤 조건일 때 잠수부가 뜨고 가라앉는지 실험을 통해 관찰해 보세요.

Step 1 잠수부 만들기

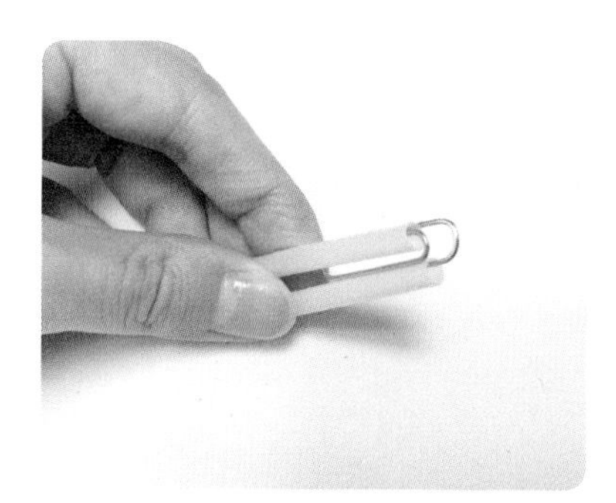

1 주름 빨대의 주름 부분을 구부린 후 짧은 길이에 맞춰 잘라요. 빨대의 자른 부분에 클립을 끼워요.

2 플라스틱 포장 용기에 잠수부를 그려서 오려요. 잠수부를 빨대와 함께 클립에 끼워요.

잠수부는 페트병에 들어갈 만한 크기로 그려요.

3 잠수부가 꽂혀 있는 빨대를 물이 담긴 컵에 넣어요. 빨대의 윗부분이 물 위에 살짝 올라가면 돼요.

가벼워서 세워지지 않을 때는 클립을 하나 더 끼워서 살짝만 뜨게 해요.

Step 2 페트병 바다 만들어 놀기

4 바닷속을 상상하며 페트병을 꾸며요. 다 꾸민 페트병에 물을 거의 다 채워요.

작은 생수 페트병이 실험하기 딱 좋아요. 두꺼운 페트병은 실험하기 힘들어요.

5 잠수부가 꽂혀 있는 빨대를 페트병에 넣고 뚜껑을 꽉 닫아요.

뚜껑을 닫지 않으면 잠수부가 움직이지 않아요.

6 병의 양 옆을 꾹 눌렀다가 뗐다가 하면서 잠수부를 관찰해 보세요.

병을 누르면 잠수부가 내려가고, 손을 떼면 다시 올라와요!

실험 속 과학원리

잠수부를 처음 페트병에 넣으면 빨대 안의 공기 때문에 부력을 받아 둥둥 떠 있어요. 그런데 뚜껑을 닫은 페트병을 누르면 페트병 내부의 압력이 커져 공기가 압축되고 빨대 안으로 물이 들어가 무거워져요. 즉, 부력보다 무게가 커져서 잠수부가 가라앉아요. 반대로 손을 떼면 압력이 약해져서 공기가 팽창하면서 빨대 안의 물이 빠져나오고 부력이 커져 잠수부가 다시 올라오는 거예요.

33 CD로 만든 무지개 착시 팽이

빨주노초파남보! 하늘에 떠 있는 무지개는 가져다가 머리띠를 하고 싶을 만큼 무척 예뻐요.
하늘의 무지개처럼 멋진 색의 무지개 팽이를 만들어서 돌려 봐요.

놀이목표

색깔의 합성, 착시 현상

연계 교육과정

초등6-1 ⑤ 빛과 렌즈

준비물

CD, 구슬, 도화지, 가위, 연필, 색연필, 자, 글루건, 목공풀

신과람쌤의 실험노트

CD 구멍에 구슬을 끼우면 빙글빙글 돌아가는 팽이를 만들 수 있어요. CD에 무지개색을 칠하면 무지개 팽이가 되지요. 7개의 색으로 이루어진 무지개 팽이를 빠른 속도로 돌리면 어떻게 보일까요? 마치 7개의 색이 연결된 것처럼 보인답니다. 이렇게 보이는 이유는 우리의 뇌가 색을 하나씩 인식하는 속도보다 팽이가 회전하는 속도가 더 빠르기 때문이에요. 그래서 여러 가지 색이 계속 우리 뇌로 전달되어 겹쳐진 색으로 인식되는 거죠. 이것을 '잔상'이라고 해요. 이 잔상 덕분에 우리가 영화나 애니메이션을 즐길 수 있는 거예요. 사실은 아주 조금씩 다른 장면을 연속해서 보여주는 것인데 우리 뇌는 그것을 영상으로 인식하는 것이죠.

1 CD를 종이에 대고 따라 그려요. 자를 대고 8등분이 되도록 대각선도 그려요.

2 무지개 색을 칠하고 가위로 오려요. 가운데 구멍도 오려 내요.

가운데 구멍은 반으로 접은 후 선을 따라 잘라요.

3 안 쓰는 CD에 목공풀을 바른 후, 오려 낸 도화지를 붙여요.

4 CD 안쪽 구멍에 글루건 등을 이용해 구슬을 고정시켜요.

5 구슬을 잡고 돌려 보세요. 팽이의 색이 어떻게 보이나요?

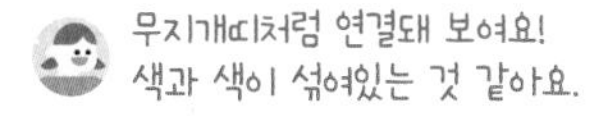

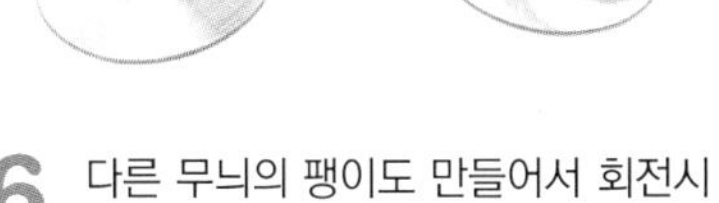

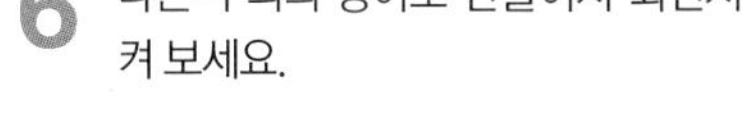

6 다른 무늬의 팽이도 만들어서 회전시켜 보세요.

선풍기 날개가 돌고 있는 것처럼 보여요.
바람이 나올 것만 같아요.

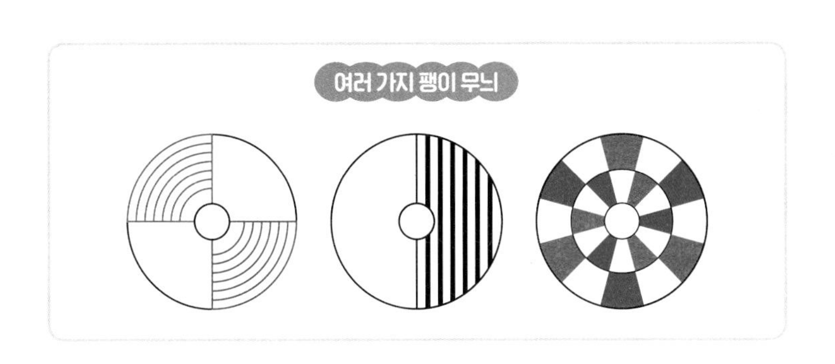

34 베이킹소다와 식초의 만남 두근두근 화산 폭발

우리 주변에 있는 어떤 물질들은 만나기만 하면 반응을 해요. 빵에 들어가는 베이킹소다와 새콤한 맛을 내는 식초가 그래요. 이런 특징을 이용하여 폭발하는 화산을 만들어 봐요.

놀이목표

화학 반응

연계 교육과정

초등3-1 ② 물질의 성질
초등6-1 ③ 여러 가지 기체

준비물

베이킹소다, 식초, 요구르트병, 클레이(점토), 쟁반, 빨간 물감, 찻숟가락, 종이컵, 테이프

신과람쌤의 실험노트

베이킹소다는 빵을 만들 때 많이 사용해요. 밀가루 반죽에 베이킹소다를 넣고 오븐에 구우면 빵이 부풀어 올라요. 식초는 음식을 만들 때 새콤한 맛을 내기 위해 쓰는 재료예요. 그런데 베이킹소다에 식초를 부으면 바로 반응이 일어나요. 하얀 거품이 끓어오르고, 거품이 뽁뽁 터지는 소리도 들려요. 이 거품 속에는 '이산화탄소'라는 기체가 들어 있어요. 이런 특징을 이용해서 화산이 폭발하는 것을 연출해 봐요.

1 쟁반 위에 요구르트병을 놓고, 찻숟가락으로 베이킹소다 4~5 숟가락을 넣어요.

찻숟가락은 손잡이가 긴 것이 좋아요.

2 종이컵에 식초를 담아 요구르트병에 붓고 반응을 관찰해요.

우와, 부글부글 거품이 생겨요!

베이킹소다와 식초가 만나면 이렇게 거품이 생겨.

식초는 종이컵 1/2 분량을 3~4회 정도 나누어 사용해요.

3 이번에는 요구르트병에 식초를 먼저 1/3 정도 담고, 베이킹소다를 찻숟가락으로 넣어 반응을 관찰해요.

식초를 먼저 넣고 베이킹소다를 나중에 넣으니까 거품이 더 많이 생겨요.

거품을 조금 걷어 내고 베이킹소다를 조금씩 넣으면 추가로 반응을 볼 수 있어요.

4 쟁반에 요구르트병을 테이프로 붙이고, 점토나 호일 등을 이용해 화산 모형을 만들어요.

우드락에 화산 모형을 만들어 놓으면 계속해서 활용할 수 있어요.

5 화산 모형 안에 식초를 1/3 정도 담고, 찻숟가락으로 베이킹소다를 넣어요.

화산이 폭발할지도 몰라. 조심해!

화산 안에서 거품이 나와요!

6 거품을 걷어 내고, 식초와 베이킹소다를 다시 넣으면 화산이 또 폭발해요.

거품이 터지는 소리도 들리네.

빨간색 물감을 넣으면 용암처럼 빨간 거품을 만들 수 있고, 세제를 한 방울 넣으면 고운 거품을 만들 수 있어요.

탐구 더하기

베이킹소다와 식초는 둘 다 먹을 수 있지만, 이 둘을 섞은 물질은 절대로 먹으면 안 돼요. 둘이 만나 반응을 하면서 먹을 수 없는 물질이 되거든요. 또 베이킹소다와 식초는 무언가를 깨끗하게 닦고 싶을 때도 사용해요. 그래서 둘을 같이 쓰면 더 잘 닦일 것 같지만, 만나기만 하면 반응이 일어나서 하나씩 사용할 때보다 덜 닦여요. 이렇게 물질끼리 만나서 새로운 물질로 변하는 것을 '화학 변화'라고 해요.

35 물만 부으면 좌우가 바뀌는 그림

좌우가 바뀐 그림을 그리고 싶나요? 다시 그리지 않아도 투명한 원통과 물만 있으면
그림을 좌우로 뒤집을 수 있어요. 물이 들어가면 마술처럼 좌우가 바뀌는 그림을 만들어 봐요.

놀이목표

빛의 굴절

연계 교육과정

초등6-1 ⑤ 빛과 렌즈

준비물

투명한 원통형 물병, 물, 종이, 색칠 도구

신과람쌤의 실험노트

야외에서 RC카를 조종해 본 적이 있나요? 도로를 달리던 자동차가 잔디밭으로 들어가면 속력이 느려지면서 방향이 틀어져요. 빛도 마찬가지예요. 빛이 진행하다가 속력이 다른 물질을 만나면 속력이 느린 물질 쪽으로 굴절해요. 공기보다 물에서 빛의 속력이 더 느린데, 이 때문에 나타나는 현상들을 일상생활 속에서 자주 볼 수 있어요. 수영장 바닥의 깊이가 실제보다 얕아 보이고, 다리를 물 속에 담그면 실제보다 짧아 보이며, 빨대를 물 속에 꽂으면 꺾여 보이는 현상들이 그 예랍니다. 투명하고 동그란 물병 안의 물은 좀 독특하게 굴절해요. 물에서 굴절된 빛이 교차하여 좌우가 뒤바뀌어 눈에 들어오기 때문에 우리가 볼 때는 물체의 좌우가 바뀌어 보인답니다.

Step 1 뒤집히는 그림 1

1 사선 모양의 그림을 그린 후 벽에 붙이고 투명한 물통을 그 앞에 놓아요.

물통은 원통 모양이어야 해요.

2 물통 안에 물을 천천히 부으며 물 아랫부분이 어떻게 바뀌는지 관찰해요.

눈높이를 수면과 평행하게 맞춰요.

3 물이 있는 곳에서는 벽에 붙은 그림이 어떻게 달라 보이는지 이야기 나눠요.

물을 넣으니까 물 아래쪽 그림의 좌우가 바뀌어 보여요.

물기둥에서 빛의 굴절이 일어나기 때문이에요.

Step 2 뒤집히는 그림 2

4 흰 종이의 위와 아래에 같은 그림을 그리거나 같은 글씨를 써요.

모양이 단순할수록 관찰하기 좋아요.

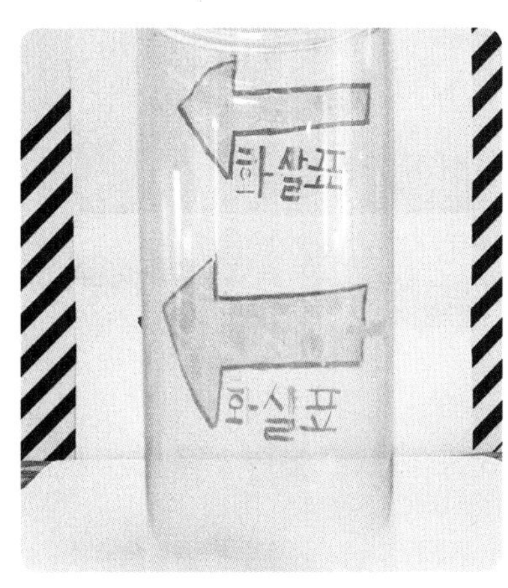

5 4의 그림을 벽에 붙이고 투명한 물통을 앞에 놓아요. 물을 천천히 부으며 아랫부분이 어떻게 바뀌는지 관찰해요.

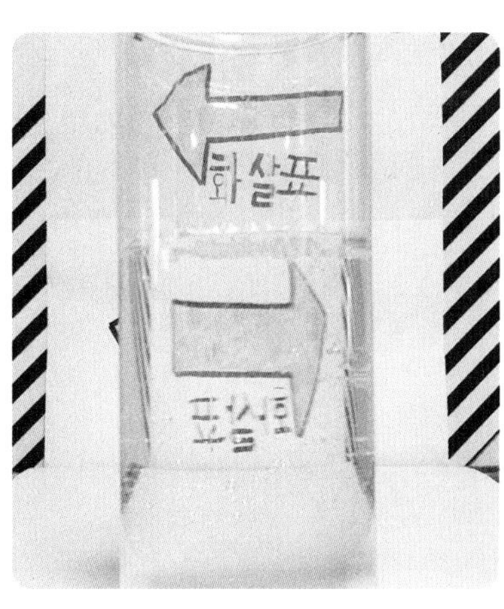

6 그림의 중간까지 물을 부은 후 아래와 위 그림의 차이점을 이야기해 보세요.

아래 그림의 화살표 방향이 바뀌었어요!

탐구 더하기

투명한 물통 두 개를 겹쳐 놓고 두 통에 모두 물을 부으면 뒤의 그림은 어떻게 보일까요? 추측해 본 후 실제로 확인해 보세요.

36 당기고 밀어내요 힘이 센 정전기 풍선

겨울에 플라스틱 빗으로 머리를 빗으면 머리카락이 빗에 붙어요. 스웨터를 입고 벗을 때 따끔하고 전기가 통하는 느낌을 받을 때도 있지요. 모두 정전기 때문이에요.

놀이목표

마찰 전기, 정전기의 힘

연계 교육과정

초등6-2 ① 전기의 이용

준비물

풍선, 손펌프, 매직, 비닐, 가위, 테이프, 빨대, 플라스틱 병뚜껑, 알루미늄 캔 2개

신과람쌤의 실험노트

풍선을 머리카락에 문지르면 머리카락이 풍선에 달라붙는데 이건 정전기 때문이에요. 정전기는 물체를 마찰할 때 생기는 마찰 전기예요. 모든 물체는 보통 양전하와 음전하(전자)의 양이 같아서 전기적 성질을 띠고 있지 않아요. 하지만 마찰을 하면 전자가 이동해서 전기적 성질을 띠게 돼요. 그래서 많이 문지를수록 전자가 많이 이동해서 전기력도 세지는 거예요. 정전기의 힘을 느낄 수 있는 실험을 해 볼까요? 이런 실험을 통해 아이들은 눈에 보이지 않지만 힘을 발휘하는 정전기의 속성에 대해 이해하게 됩니다.

1 손펌프를 이용해 풍선을 부풀린 다음, 머리카락에 문질러요.

정전기는 건조한 날에 잘 발생해요. 또 많이 문지를수록 더 많이 생겨요.

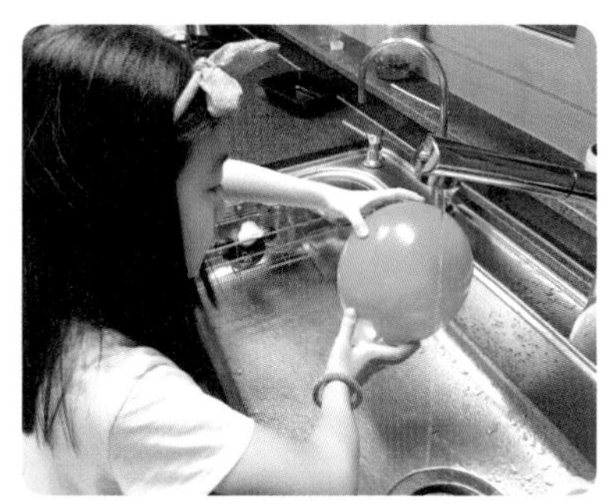

2 싱크대에 물을 가늘게 틀어 놓고 머리카락과 마찰시킨 풍선을 가까이 가져가 봐요.

물줄기가 풍선 쪽으로 살짝 휘어요!

풍선에 생긴 정전기가 물을 잡아당겨서 그래.

3 풍선 2개를 머리카락에 문지른 후 가까이 가져가 봐요. 풍선끼리 닿지는 않도록 해요.

둥근 부분은 밀려나고, 묶은 부분이 빙글 돌아서 다가와요.

서로 잡아당기는 부분도 있고, 밀어내는 부분도 있구나.

4 도화지에 나비 몸통을 그리고, 얇은 비닐로 날개를 만들어 붙여요. 머리카락에 마찰시킨 풍선을 날개에 가까이 가져가 보세요.

풍선을 갖다 대었다 멀리 떨어뜨리기를 반복하면 나비 날개가 팔랑거려요.

5 머리카락에 마찰시킨 빨대 하나를 플라스틱 병뚜껑 가운데에 올려놓고, 마찰시킨 또 다른 빨대를 가까이 가져가 보세요. 이때 두 빨대는 서로 닿지 않도록 해요.

빨대가 도망가듯이 빙글빙글 돌아요!

6 머리카락에 마찰시킨 풍선을 알루미늄 캔에 가까이 가져가 보세요. 캔과 풍선이 닿지 않도록 하면서 누가 빨리 골인 지점까지 가는지 시합해 보세요.

실험 속 과학원리

머리카락에 풍선을 문지르면 전자가 풍선으로 이동해서 풍선은 음전하를 띠고, 전자가 빠져나간 머리카락은 양전하를 띠게 돼요. 서로 다른 전하끼리는 당기는 힘인 '인력'이 생기고, 서로 같은 전하끼리는 밀어내는 힘인 '척력'이 생겨요. 전하를 띤 물체가 가까이 가면 중성이었던 물체도 약하게 반대 전기를 띠게 되어 서로 잡아당기는 인력이 생겨요. 그래서 물줄기나 나비 날개, 알루미늄 캔이 끌려온 거랍니다.

37 알록달록 빙글빙글 우유 마블링 만들기

여기 콕! 저기 콕! 예쁘게 색깔 입힌 우유에 세제 묻힌 면봉을 대 봐요. 마치 살아있는 것처럼 물감이 이리저리 도망가서 예쁜 무늬를 만들어요.

놀이목표

표면 장력

연계 교육과정

초등3-1 ② 물질의 성질

준비물

우유, 물감, 약병(종이컵), 일회용 접시, 주방 세제, 면봉, 화장솜

신과람쌤의 실험노트

물이나 우유 같은 액체 속 분자들은 서로 잡아당기는 힘이 있어요. 그래서 컵에 우유를 따라 놓으면 컵 안쪽의 우유는 모든 방향에서 잡아당겨서 안정적인 반면, 표면의 우유는 위쪽에서 잡아당기는 힘이 없어서 불안정해요. 그래서 액체 표면이 가능한 한 작은 표면적을 가지기 위해 힘이 작용하는데 이 힘을 '표면 장력'이라고 해요. 그런데 우리가 흔히 사용하는 세제나 비누에 들어 있는 계면활성제는 표면 장력을 감소시키는 역할을 해요. 그래서 면봉에 세제를 묻혀서 우유에 찍으면 우유의 표면 장력이 약해져서 이리저리 퍼지게 돼요. 우유에 물감을 뿌려 놓으면 우유 위의 물감도 같이 움직이면서 예쁜 마블링이 생긴답니다.

Step 1 알록달록 예쁜 우유

1 약병에 물감을 넣고 물에 녹여요.

어두운 색보다는 밝은 색이 더 예뻐요. 약병이 없다면 종이컵에 녹여도 돼요.

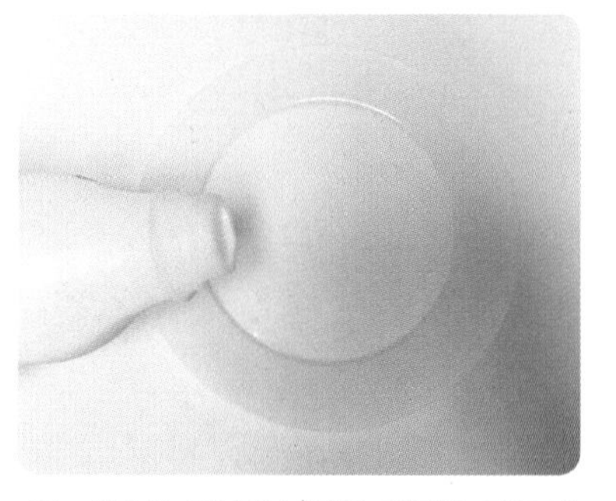

2 우유를 접시에 부어요. 바닥을 덮을 정도로만 부으면 돼요.

우유의 신선도는 중요하지 않으니 유통기한 지난 우유를 사용해도 돼요.

3 약병에 든 물감을 우유에 떨어뜨려요. 물감이 퍼져 나가는 모습을 관찰해요.

Step 2 도망가는 우유 마블링

4 면봉에 주방 세제를 살짝 묻혀서 우유 위에 대 봐요. 이곳저곳 살짝 찍거나 빙글빙글 섞어 봐요.

물감에 동그란 구멍이 났어요! 서로 섞여서 예뻐요.

5 주방 세제를 많이 묻혀서 우유에 꾹 눌렀다 떼 봐요.

물감이 아래서부터 올라오면서 보글보글 끓는 것 같아요!

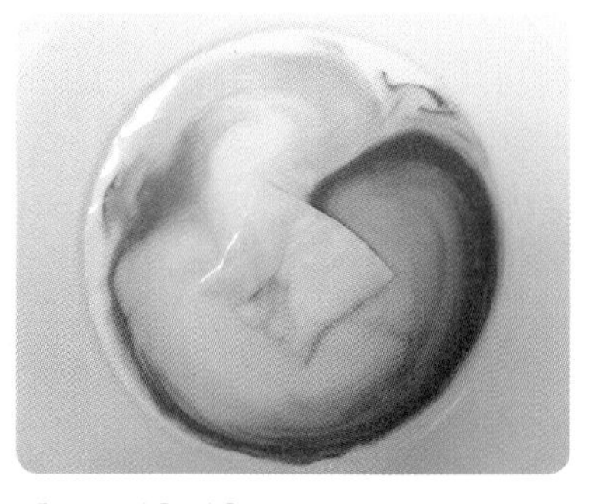

6 물감을 가운데에 다시 떨어뜨린 후, 주방 세제를 적신 화장솜을 그릇 가운데 놓아 봐요.

솜 위에 직접 물감을 떨어뜨려도 빠르게 퍼져 나가는 물감의 모습을 관찰할 수 있어요.

놀이 더하기

예쁘게 만들어진 마블링에 도화지를 살짝 대듯이 찍은 후 신문지에 놓고 말려요. 이것을 다양한 모양으로 잘라서 붙이면 멋진 작품이 돼요.

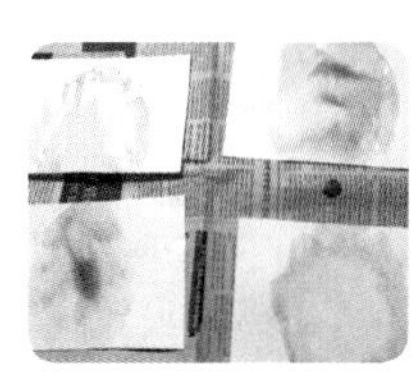

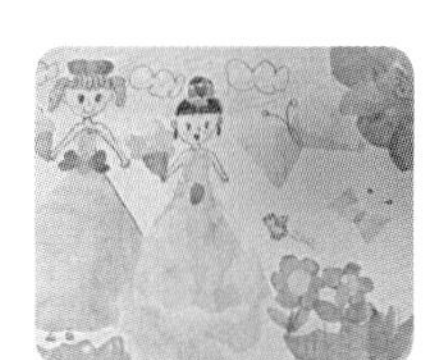

38 눈이 착각을 해요 그림 합치기 마술

실만 있으면 그림 하나에 다른 그림 하나를 합치는 마술을 할 수 있어요. 우리 눈의 착시를 이용하는 거예요. 어떤 그림을 합쳐 볼까요?

놀이목표

착시

연계 교육과정

초등6-2 ④ 우리 몸의 구조와 기능

준비물

종이, 가위, 색칠 도구, 풀, 송곳, 털실(두꺼운 면실)

신과람쌤의 실험노트

'착시'는 눈이 착각하는 것을 말해요. 물체를 볼 때 있는 그대로 보지 못하는 현상이지요. 그림 2장을 붙여서 빠르게 돌리면, 눈에서 첫 번째 그림을 보고 있는데 그림이 돌아가서 두 번째 그림이 보이게 돼요. 우리 눈에는 아직 첫 번째 그림이 남아 있는데 두 번째 그림이 보이면 두 그림이 합쳐진 것처럼 보이게 됩니다. 그래서 연속된 사진을 여러 장 겹쳐서 빠르게 넘기면 앞장의 사진과 뒷장의 사진이 겹쳐 보이는 거예요. 만화 영화 애니메이션도 이런 원리로 만들어지는 거랍니다.

1 종이를 오려 동그라미 2개를 만들고, 종이의 앞뒤에 합칠 그림을 구상해요.

난 집이랑 사람을 합칠래요. 사람이 집 앞에 서 있는 것처럼 보이게요.

2 동그라미 앞과 뒤에 합칠 그림을 그려요. 새와 새장, 사자와 우리, 물고기와 그물 등을 그려 보세요.

난 그물과 고래를 그렸어요. 둘을 합치면 그물에 걸린 고래가 돼요!

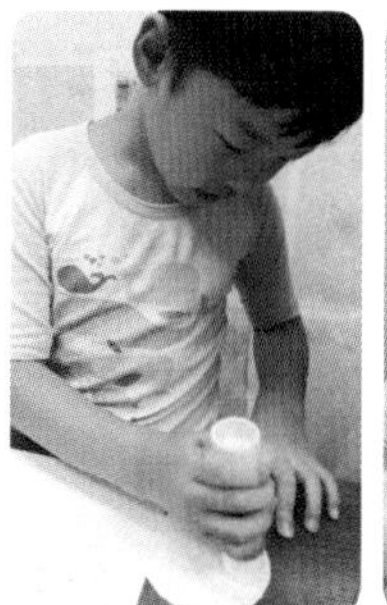

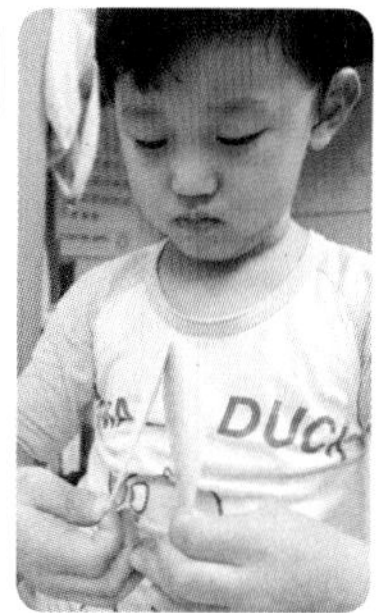

3 풀을 이용해 합칠 그림 2장을 앞뒤로 붙여요. 어떤 방향으로 붙여야 내가 생각한 대로 합쳐질까요?

사람이 똑바로 서 있어야 할까? 물구나무를 서야 할까?

4 송곳으로 종이 양끝에 구멍을 뚫고, 털실을 고리 모양으로 매달아요.

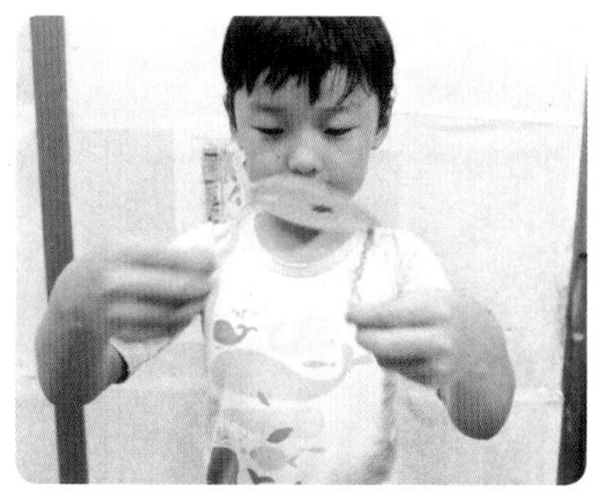

5 실 양끝을 잡고 한 방향으로 돌려 실을 감아요.

6 실이 모두 감기면 실을 잡아당겨요. 종이가 돌아가면서 그림이 어떻게 합쳐지는지 관찰해요.

오! 집 안에 사람이 있는 것처럼 보여요.

실을 앞으로도 감아 보고, 뒤로도 감아 봐요.

놀이 더하기

도화지 한 장에는 새장을, 또 다른 한 장에는 새를 그려요. 두 종이 사이에 나무젓가락을 놓고 붙여요. 손바닥 사이에 나무젓가락을 끼고 빠르게 비비면, 마치 새장에 새가 들어간 것처럼 보여요. 이것도 잔상의 효과랍니다.

탐구 더하기

'플립북'도 착시를 이용한 책이에요. 종이에 이어지는 그림을 그리고, 그림처럼 잡아 한 번에 촤라락 넘기면 플립북 안에 있는 그림이 움직이는 것처럼 보여요.

©www.youtube.com/watch?v=Un-BdBSOGKY

39 보글보글 신기한 드라이아이스 비눗방울

아이스크림을 포장할 때 얼음같이 차가운 드라이아이스를 같이 넣어 줘요. 그런데 집에 돌아와 열어 보면 드라이아이스가 흔적도 없이 사라져 있지요. 사라지기 전에 비눗방울 안에 가둬 볼까요?

놀이목표

드라이아이스의 변화, 물질의 성질, 승화

연계 교육과정

초등4-2 ② 물의 상태 변화
초등6-1 ③ 여러 가지 기체

준비물

드라이아이스, 집게, 양초, 라이터, 페트병, 송곳, 빨대, 비눗물, 일회용 플라스틱컵, 물감, 쟁반, 운동화 끈

신과람쌤의 실험노트

고체 형태의 이산화탄소를 드라이아이스라고 해요. 드라이아이스는 얼음보다 훨씬 낮은 온도인 영하 78.5℃에서 고체에서 기체로 변해요. 액체 상태를 거치지 않고 바로 고체에서 기체로, 기체에서 고체로 물질의 상태가 바뀌는 것을 '승화'라고 해요. 드라이아이스가 기체로 변할 때는 주위의 열을 빼앗으면서 주변 물질들이 차가운 온도를 유지하게 해요. 그래서 아이스크림같이 냉동 포장해야 하는 경우에 많이 사용되는 거예요. 드라이아이스를 손으로 직접 만지면 동상이 걸릴 수 있으니 꼭 집게나 장갑을 이용해야 해요.

Step 1 드라이아이스 관찰하기

1 드라이아이스를 집게로 집어서 관찰해요.

집게로 드라이아이스를 집으니 끽 하는 소리가 나요.

기체로 바뀐 드라이아이스가 금속 사이의 좁은 틈을 빠져나올 때 금속이 떨리면서 소리가 나요.

2 물에 집어 넣은 후 변화를 관찰해요.

연기가 생겨요. 아무 냄새도 안 나고 시원해요.

드라이아이스를 물에 넣으면 승화가 빨라지면서 주변의 수증기를 물로 바꾸어 연기 같은 흰 안개가 생겨요.

3 컵의 연기를 조심스럽게 촛불에 부어요. 이때 물이 흘러나오면 안 돼요.

중간에 연기가 사라지는데도 촛불이 꺼져요!

드라이아이스는 뭘로 만들어졌을까?

불을 꺼뜨리는 걸로 봐서 이산화탄소 같아요!

Step 2 드라이아이스 비눗방울 놀이

4 운동화 끈에 비눗물을 충분히 적신 다음, 끈으로 컵의 윗부분 전체를 스치며 지나가요.

동그랗게 부풀어 올라요! 터트리니 연기가 슉 하고 아래로 빠져나가요!

비눗물의 계면활정제 때문에 막이 생겨서 컵 속 기체가 빠져나가려고 할 때 부풀어 올라요.

5 쟁반을 받치고, 물감을 넣은 비눗물에 드라이아이스를 넣어요.

우와! 화산이 폭발하는 것 같아요!

6 페트병에 구멍을 뚫고 빨대를 꽂아요. 병에 물과 드라이아이스를 넣은 후, 빨대를 비눗물에 콕 찍어 봐요.

빨대 끝에 연기가 든 비눗방울이 퐁퐁 생겨요!

탐구 더하기

무대에서 하얀 안개가 자욱하게 깔리는 것을 본 적이 있나요? 이런 효과를 만들 때도 드라이아이스가 사용돼요. 드라이아이스가 물과 만나 승화할 때 주변의 수증기에서 열을 빼앗아 물방울로 바꾸어 버린다고 했죠? 바로 이 물방울을 이용해 우리 눈에 흰 안개처럼 보이는 효과를 내는 거랍니다.

40 허공에 뜬 영상 3D 홀로그램 만들기

번개맨 홀로그램 공연에 가면 허공에 번개맨이 나타나서 친구들을 도와 줘요.
이렇게 허공에 떠서 진짜처럼 보이는 3차원 영상을 '홀로그램'이라고 해요. 집에서 아이와 함께 만들어 봐요.

놀이목표

3D 홀로그램, 빛의 직진과 반사

연계 교육과정

초등4-2 ③ 그림자와 거울

준비물

투명하고 빳빳한 플라스틱(OHP필름, L자 파일 등), 네임펜, 자, 가위, 테이프, 스마트폰

신과람쌤의 실험노트

우리는 5개의 감각을 가지고 있는데 가장 중요한 감각이 바로 눈으로 보는 시각이에요. 눈으로 얻는 정보가 전체의 80% 이상이기 때문이에요. 시각 정보는 모두 빛의 성질을 이용해서 전달되죠. 빛은 앞으로 쭉 가는 '직진' 성질이 있어요. 밤에 손전등을 켜 보면 빛이 직진하는 것을 알 수 있어요. 또 빛은 물체를 만나면 튕겨 나오는 '반사' 성질도 있어요. 거울에 비친 내 모습을 볼 수 있는 것도 빛이 반사되기 때문이에요. 빛의 직진과 반사 성질을 이용하면 홀로그램 영상을 만들 수 있어요. 투명하고 얇은 플라스틱과 스마트폰만 있으면 돼요. 아이가 좋아하는 영상을 찾아 공중에 띄워 봐요.

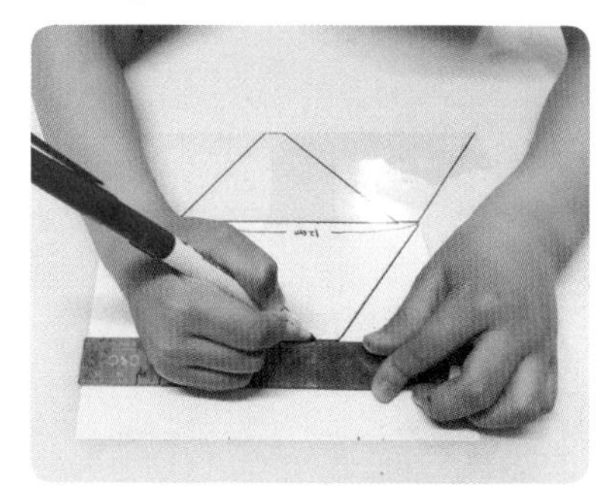

1 권말의 부록에 있는 도안을 이용해 OHP필름에 사다리꼴 4개를 그려요.

도안을 OHP필름 아랫면에 테이프로 붙여 놓고 따라 그려요.

2 OHP필름에 그린 사다리꼴을 가위로 오려요.

가위 대신 칼을 사용할 경우에는 엄마가 도와주세요.

3 테이프로 사다리꼴의 빗면을 이어 붙여서 피라미드 모양을 만들어요.

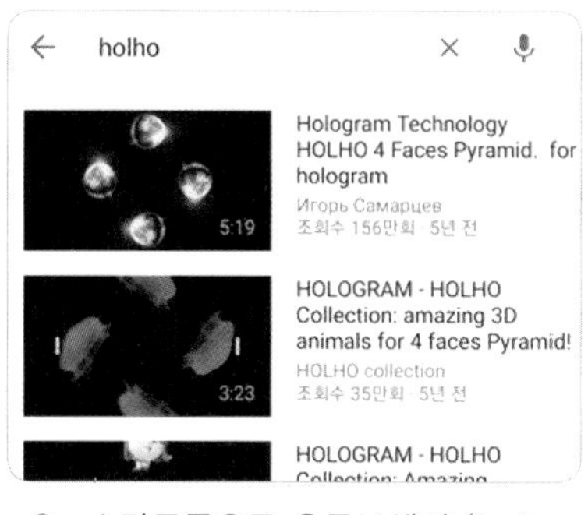

4 스마트폰으로 유튜브에서 'holho, hologram, 홀로그램 영상' 등을 검색해서 마음에 드는 영상을 골라요.

5 스마트폰에 영상을 틀어 놓은 채 피라미드를 뒤집어서 올려요. 주변을 어둡게 하면 홀로그램 영상이 잘 보여요.

사다리꼴 피라미드를 사진과 반대로 뒤집어 놓고 그 위에 핸드폰을 엎어서 봐도 돼요.

6 보이는 영상을 손으로 잡아 보세요. 영상은 허상(가짜 물체)이어서 잡히지 않아요. 프로젝터를 위로 들거나 기울여 봐요. 빛은 직진하므로 위로만 올리면 영상을 볼 수 있어요.

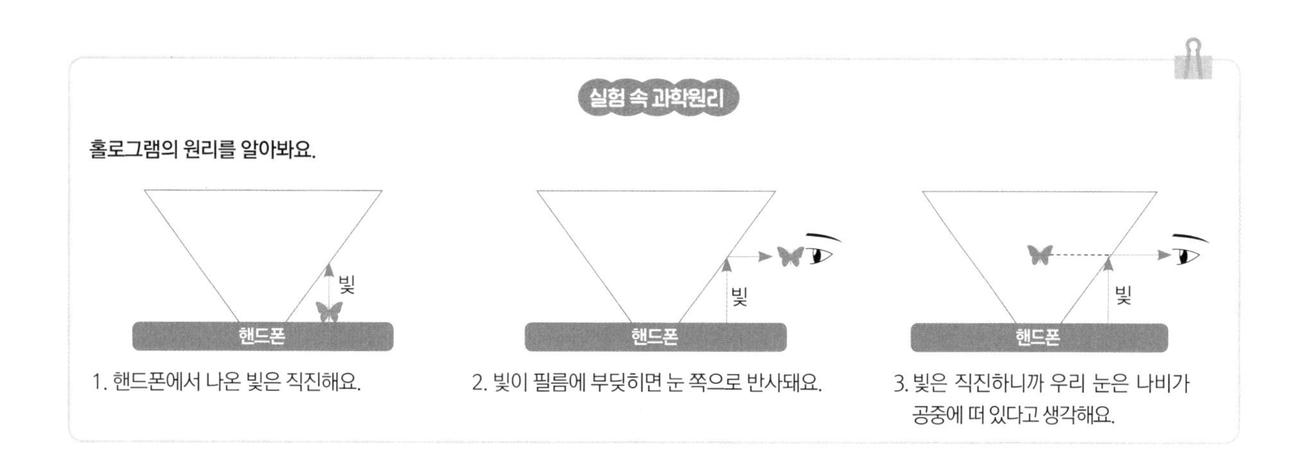

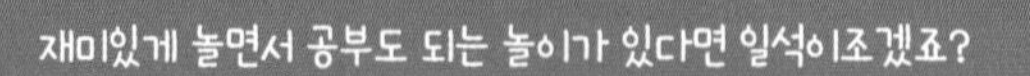

재미있게 놀면서 공부도 되는 놀이가 있다면 일석이조겠죠?

풍선 달리기 시합, 동전 닦기 챌린지, 슬라임 만들기처럼 아이들의 시선을 한번에 사로잡는 놀이를 하며

그 속에 어떤 원리들이 숨어 있는지 함께 찾아봐요.

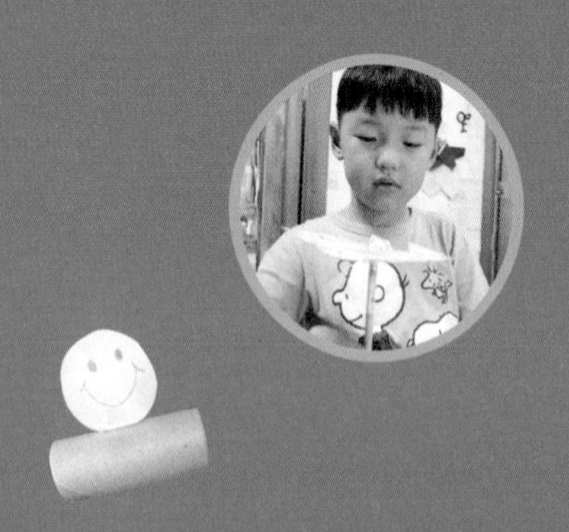

Part 3

원리를 찾아라 호기심 과학놀이

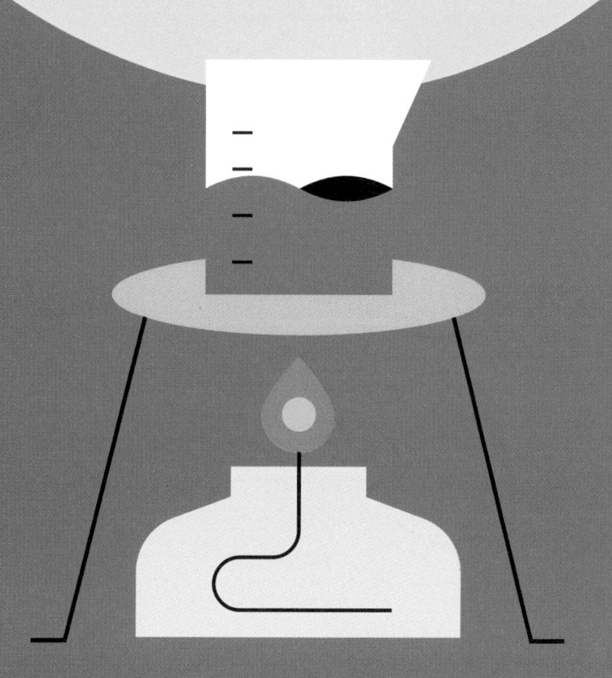

41 반짝반짝 스르르 페트병 스노우볼 만들기

뒤집었다가 바로 세우면 반짝반짝 가루가 천천히 내려오는 스노우볼! 보고만 있어도 꿈나라에 있는 듯 기분이 좋아져요. 간단한 재료로 나만의 스노우볼을 만들어 봐요.

놀이목표

점성이 있는 유체의 속성, 점성에 따른 속도의 변화

연계 교육과정

초등3-1 ② 물질의 성질
초등6-1 ⑤ 빛과 렌즈

준비물

페트병, 구슬, 네일 글리터, 물, 물풀, 컬러 펄 스타핑(또는 셀로판지), 깔때기, 나무젓가락, 스티커, 글루건

신과람쌤의 실험노트

아름다운 나만의 스노우볼을 직접 만들어 보면서 시각, 청각, 촉각 놀이를 해 보세요. 빛은 직진하다가 물체를 만나면 통과하기도 하고 부딪혀 나오기도 하며 꺾이기도 해요. 페트병 속에 반투명한 컬러 펄 스타핑을 넣고, 이를 통해 본 사물이 다른 색으로 보이는 경험을 통해 투과와 반사에 대해 알 수 있어요. 물풀이 섞인 물은 일반 물보다 점성이 커서 물체의 움직임을 느리게 만들어 반짝이풀이 천천히 떨어지는 모습을 관찰할 수 있어요.

1 페트병 입구에 들어갈 만한 다양한 재료를 준비해요.

페트병은 아이들이 들고 흔들 수 있도록 작은 것으로 준비해요.

2 페트병과 컬러 펄 스타핑(또는 셀로판지)을 관찰해요.

컬러 펄 스타핑을 만지면 느낌이 어때? 어떤 소리가 나?

셀로판지를 눈에 대고 보면 물이 무슨 색으로 보여?

3 페트병에 구슬을 넣고 흔들어서 소리를 들어 봐요.

천천히/빠르게 흔들어 볼까? 어떤 소리가 나지?

4 페트병에 글리터와 컬러 펄 스타핑을 넣어요.

나무젓가락을 이용해서 밀어 넣으면 편해요.

5 물풀을 페트병의 20~30% 정도 짜 넣어요.

물풀을 너무 많이 넣으면 점성이 커져서 물체가 잘 안 움직여요.

6 물을 가득 담고, 나무젓가락으로 저어서 잘 섞어 주세요.

물을 가득 담아야 흔들었을 때 거품이 생기지 않고 예뻐요.

7 글루건으로 뚜껑 이음새를 잘 막고, 스티커를 이용해 페트병을 꾸며요.

뚜껑 안쪽에 작은 인형을 붙여 놓으면 인형이 반짝이 눈을 맞는 모습을 연출할 수 있어요.

8 페트병을 빛에 비춰 봐요.

페트병을 통과한 빛이 무슨 색으로 보여?

스타핑을 통해 본 사물이 다른 색으로 보이는 경험을 통해 투과와 반사에 대해 알 수 있어요.

9 페트병을 흔들어 구슬 소리가 어떻게 달라졌지는 들어 보고, 뒤집어서 반짝이 가루가 떨어지는 모습도 관찰해요.

반짝이 가루가 천천히 떨어져요.

물풀이 들어가서 점성이 커져서 그래.

42 물로 만드는 악기 유리컵 실로폰

유리컵에 물을 담아서 젓가락으로 치면 아주 맑은 소리가 나요. 여러 개의 유리컵에 물의 양을 조금씩 다르게 담아서 두들기면 음의 높낮이가 생긴답니다.

놀이목표

소리의 높낮이, 물의 양과 소리의 관계

연계 교육과정

초등3-2 ⑤ 소리의 성질

준비물

크기가 같은 유리컵 3개, 물, 색깔을 낼 수 있는 재료, 나무젓가락

신과람쌤의 실험노트

집에 똑같이 생긴 유리컵이 여러 개 있다면 여기에 물을 담아 악기를 만들 수 있어요. 유리컵에 같은 양의 물을 담으면 같은 음이 나지만, 다른 양의 물을 담으면 각각 다른 소리를 내요. 물이 많은 컵과 물이 적은 컵을 나무젓가락으로 두들겨 보면 소리가 다르다는 걸 알 수 있어요. 어떻게 해야 높은 소리가 나거나 낮은 소리가 나는지 아이가 직접 조건을 찾도록 유도해 보세요. 그런 다음 '도, 레, 미'만으로 연주할 수 있는 '비행기' 노래를 연주해 보세요.

Step 1 유리컵 실로폰 만들기

1 똑같이 생긴 유리컵 3개를 준비해요. 숟가락, 젓가락 등으로 유리컵을 가볍게 두들겨 봐요.

2 각 유리컵에 물의 양을 다르게 담은 후, 다시 숟가락과 젓가락 등으로 두들겨서 소리의 차이를 느껴 봐요.

어, 소리가 달라요. 높은 소리도 나고 낮은 소리도 나요.

3 집에 있는 색깔 재료를 이용해 알록달록한 색깔을 내요.

Step 2 유리컵 실로폰 연주하기

4 유리컵을 두들겨 낮은 소리를 내 봐요. 아이가 스스로 방법을 찾을 수 있도록 기다려 주세요.

어떻게 해야 낮은 소리가 날까?

유리컵을 세게 쳐 볼까요? 아, 물이 많은 컵에서 낮은 소리가 나요.

5 유리컵을 두들겨 높은 소리를 내 봐요.

어떻게 해야 높은 소리가 날까?

물을 조금만 넣어요!

물의 양이 많을수록 낮은 소리가 나고, 물의 양이 적을수록 높은 소리가 나요.

6 각 컵을 도, 레, 미 건반으로 생각하고, 유리컵 실로폰으로 '비행기' 노래를 연주해 봐요.

아이의 연주에 맞춰 엄마가 노래하면 아이는 연주자가 된 것처럼 신나게 연주할 거예요.

놀이 더하기

다음 '비행기' 계이름에 맞춰 연주해 보세요.

미레도레 미미미 레레레 미미미
미레도레 미미미 레레미레도

43 물풍선을 구해줘 비닐봉지 낙하산

말랑말랑 물풍선을 높은 곳에서 떨어뜨리면 어떻게 될까요? 물풍선이 바닥에 닿으면서 터지고 말 거예요. 물풍선을 안전하게 바닥에 내려주는 방법은 없을까요?

놀이목표

중력, 공기의 저항, 문제 해결

연계 교육과정

초등5-2 ④ 물체의 운동

준비물

비닐봉지, 물풍선, 종이컵, 실, 펀치

신과람쌤의 실험노트

물풍선을 높은 곳에서 잡고 있다가 내려놓으면 바닥에 떨어지죠? 우리가 사는 지구에서는 높은 곳에 있는 모든 물체는 지구 중심을 향해 떨어져요. 폭포의 물도 바닥으로 떨어지고, 하늘로 던져 올린 신발도 바닥으로 떨어져요. 이것은 모두 지구가 지구 위의 물체를 끌어당기는 '중력'을 작용하기 때문이에요. 물풍선도 지구로부터 중력을 받기 때문에 바닥으로 떨어지고, 결국 바닥에 닿는 순간 터지고 말아요. 바닥에 닿을 때 천천히 떨어진다면 충격이 덜해서 안 터질 거예요. 물풍선에 낙하산을 달아주면 물풍선이 떨어지는 속도를 늦출 수 있어요. 물풍선을 구해줄 낙하산을 같이 만들어 볼까요?

Step 1 낙하산 만들기

1 물풍선을 종이컵에 들어갈 만한 크기로 3~4개 준비해요.

비닐봉지는 실내에서 활동할 거라면 작아도 괜찮아요.

2 펀치나 칼로 종이컵 양쪽에 사진과 같이 구멍을 뚫어요.

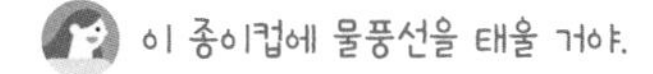

3 비닐봉지 손잡이에 실을 묶은 후 종이컵 구멍에 실을 통과시켜 종이컵과 비닐봉지를 연결해요.

물풍선을 안전하게 착륙시켜줄
비닐봉지 낙하산 완성!

Step 2 물풍선에 낙하산을 달고 떨어뜨리기

4 물풍선을 아래로 떨어뜨려 봐요.

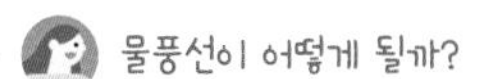

바닥에 닿으면서 터질 것 같아요.

5 이번에는 물풍선을 비닐봉지 낙하산에 태워서 떨어뜨려 봐요.

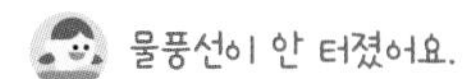

비닐봉지 속 공기가 물풍선이 내려가는
것을 방해해서 천천히 떨어지기 때문이야.

6 낙하산이 내려오는 모습을 관찰해 봐요.

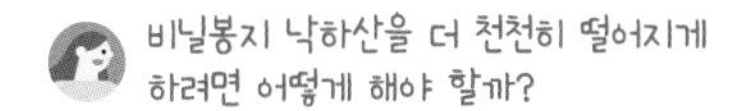

더 큰 비닐봉지를 사용해 볼까요?

44 그림자의 변신 알록달록 그림자

물감의 여러 색을 섞는 놀이는 많이 해 봤을 거예요. 이번에는 물감 대신 여러 색의 빛을 섞어 봐요.
화려한 조명을 비추며 무대 감독도 되어 보고, 빛과 물감의 차이도 경험해 봐요.

놀이목표

빛의 직진성과 그림자, 빛의 색과 그림자의 색

연계 교육과정

초등4-2 ③ 그림자와 거울

준비물

핸드폰, 종이컵, 셀로판지, 색종이, 흰 종이, 세울 수 있는 물체, 풀

신과람쌤의 실험노트

"그림자는 무슨 색일까?"라고 물어보면 대부분의 아이들은 검정색이나 회색이라고 대답해요. 그런데 빛의 색을 바꾸면 그림자 색도 화려하게 바꿀 수 있어요. 셀로판지로 조명컵을 만들어 조명 놀이를 하면서 여러 색의 빛이 섞이면 어떻게 변하는지 관찰해 보세요. 특히 빛의 3원색인 빨강, 초록, 파랑을 한곳에 비추면 물감처럼 검정색이 되는 것이 아니라 정반대인 흰색이 된답니다. 물체에 2가지 색 조명을 동시에 비추면 그림자에 색이 입혀지는 것도 볼 수 있어요. 알록달록 그림자를 가지고 놀다 보면 빛에 대한 호기심이 마구마구 커질 거예요.

1 종이컵 3개의 바닥을 오려낸 후, 빨강, 초록, 파랑 셀로판지로 각각 감싸 테이프로 고정합니다.

이 단계는 위험할 수 있으니 엄마가 해 주세요.

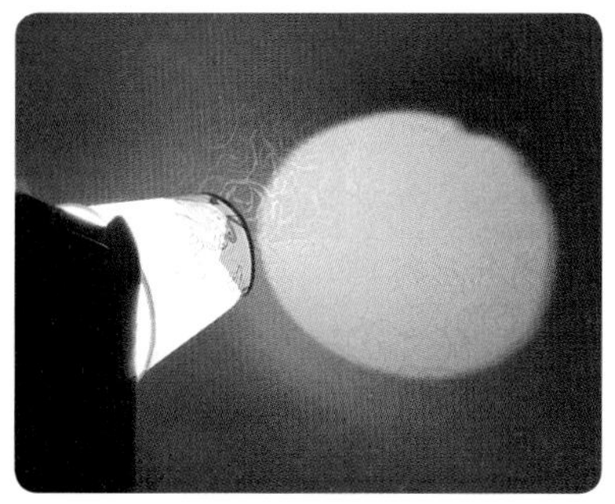

2 핸드폰 손전등을 켠 후 1의 종이컵을 사진처럼 붙이면 색조명이 완성돼요. 벽에 흰 종이를 붙이고 어두운 상태에서 조명을 비춰요.

비친 색이 연하면 셀로판지를 2겹 붙여요.

3 빛의 3원색인 빨강, 초록, 파랑 조명을 동시에 비추고 색을 관찰해요.

세 색이 겹치는 부분은 흰색이 됐어요.

4 여러 색의 색종이를 1/4로 잘라 벽의 흰 종이에 붙여요. 셀로판지와 같은 색인 빨강, 초록, 파랑도 붙여 주세요.

5 색종이에 조명을 비추면서 색의 변화를 관찰해요.

색종이와 같은 색의 조명을 비추면 더 선명하게 보여요.

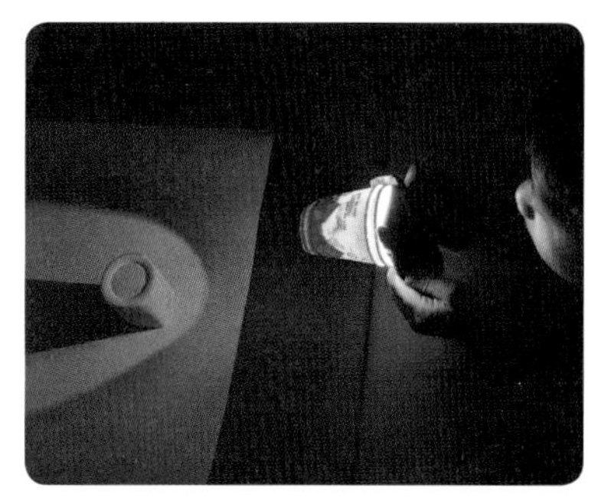

6 바닥에 흰 종이를 깔고 물체를 올려 놓은 후, 빨간 색조명을 물체에 비춰 그림자를 만들어요.

물체 뒤에는 빨간 빛이 도달하지 않으므로 아무 빛도 없어서 검정 그림자가 생겨요.

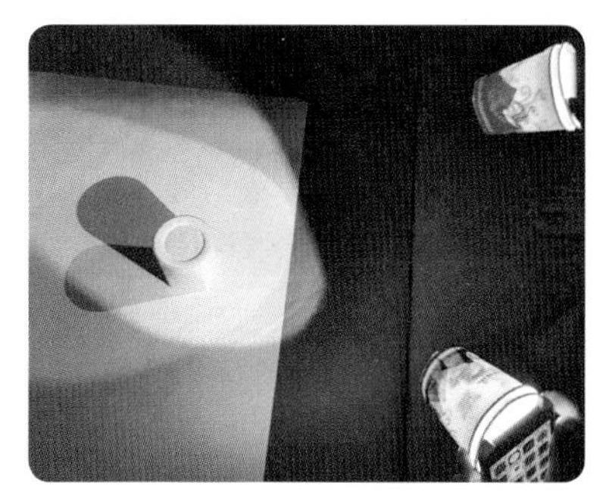

7 옆에서 파란 색조명을 동일한 물체에 비춰요. 그림자의 색을 관찰해요.

물체 뒤에 빨간 빛이 도달하지 않은 부분은 파란 빛이 도달해서 파란 그림자로 보여요. 반대로 물체 뒤에 파란 빛이 도달하지 않은 부분은 빨간 빛이 도달해서 빨간 그림자가 보여요.

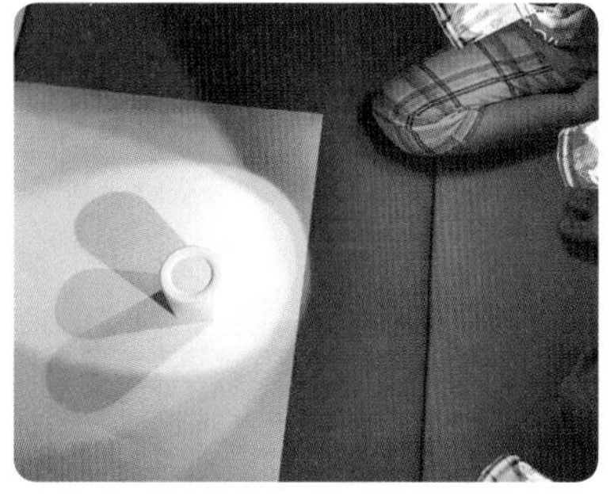

8 초록색 조명을 추가해서 물체에 비춰요. 그림자의 색을 관찰해요.

빨강과 초록, 초록과 파랑, 파랑과 빨강이 합쳐지면 어떤 색들이 나오지는 확인해 봐요.

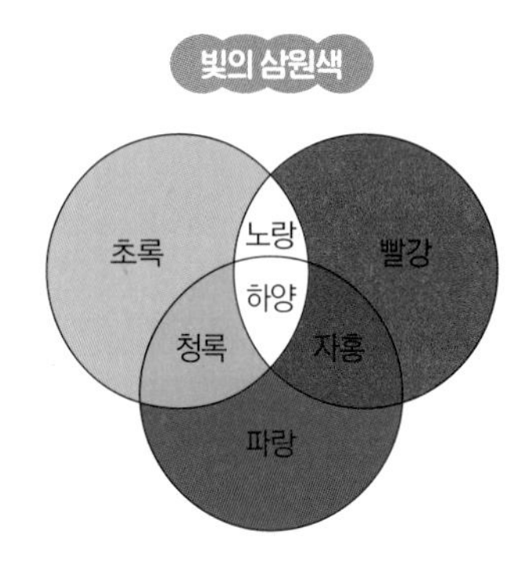

45 흰색 요술봉으로 숨은그림찾기

검정 바탕에서는 잘 보이지 않던 그림이 하얀 요술봉을 넣으니 갑자기 선명하게 보여요.
이 요술봉으로 그림을 찾아 구석구석 탐험해 볼까요?

놀이목표
검은색과 흰색의 차이, 색의 대비, 보호색

연계 교육과정
초등3-2 ② 동물의 생활

준비물
투명한 지퍼백, 어둡거나 투명한 스티커, 검은색 네임펜, 검은색 종이, 흰색 종이, 나무 젓가락, 테이프

신과람쌤의 실험노트

카멜레온은 장소에 따라 몸의 색을 바꿔서 자신의 몸을 숨기는 능력이 있어요. 이렇게 주변 환경의 색과 비슷한 색을 띠어 적에게 발견되지 않도록 자신을 보호하는 색을 '보호색'이라고 해요. 보호색을 쉽게 이해할 수 있는 놀이를 해 봐요. 흰색 종이에 검은 색으로 그린 그림은 눈에 잘 띄어요. 하지만 검은색 종이에 검은색으로 그린 그림은 눈에 잘 띄지 않지요. 이때 배경을 검은색에서 흰색으로 바꿔 주면 마치 빛이 나듯이 잘 보이게 돼요. 이 현상을 이용해 숨은그림찾기를 하면서 보호색에 대해 이야기 나눠 보세요.

Step 1 깜깜한 그림 만들기

1 투명한 지퍼백에 어두운 색이나 투명한 스티커를 여러 개 붙여요. 검은색 네임펜으로 그림을 그려도 돼요.

스티커는 검은 바탕에서 눈에 띄지 않도록 어두운 색이거나 투명한 것을 사용해요.

2 검은색 종이를 지퍼백 크기로 자른 후 지퍼백 안에 넣어요.

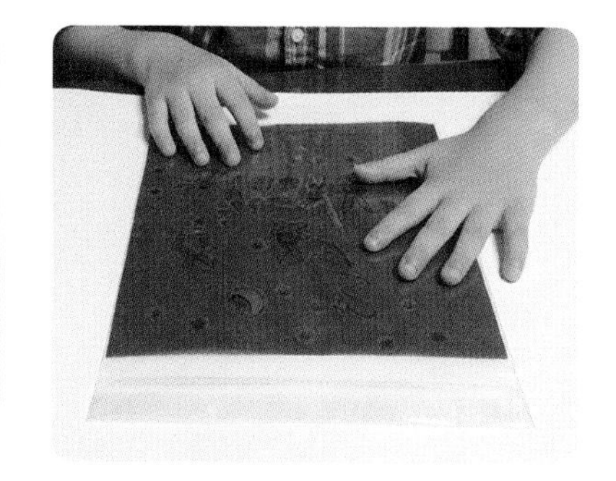

3 검은색 종이를 잘 펴 줍니다. 배경이 바뀌고 난 후 그림의 느낌을 말해 봐요.

깜깜한 밤 같아요. 토끼 스티커가 잘 안 보여요.

Step 2 하얀 요술봉으로 탐험하기

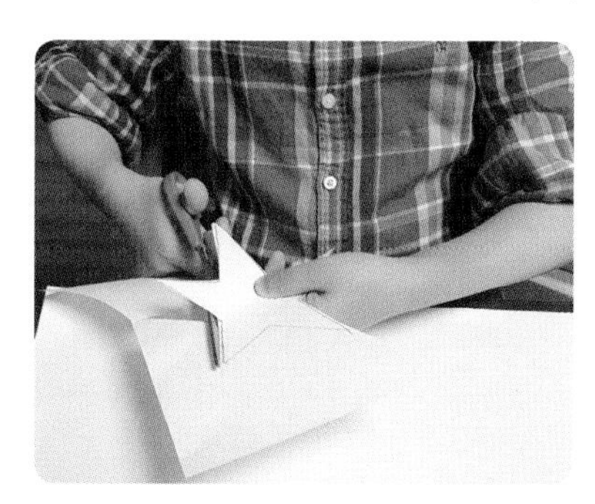

4 흰 종이에 아이가 원하는 모양을 그린 후 가위로 잘라요.

지퍼백 안에 들어가는 크기로 그려요.

5 자른 종이 뒷면에 나무젓가락을 붙여서 요술봉을 만들어요.

스티커 그림과 어울리는 요술봉을 만들어요. 가령 바닷속 그림이면 그물을, 숲 속 그림이면 손전등을 만들어 봐요.

6 요술봉을 지퍼백 안에 넣은 후 그림을 탐색해 보세요. 검은색 바탕일 때는 눈에 띄지 않던 그림들이 선명하게 보일 거예요.

토끼 스티커가 나타났어요!

놀이 더하기

다섯 손가락에 빨강, 주황, 노랑, 초록, 파랑 색종이를 각각 말아서 붙여요. 다섯 가지 색과 같은 색의 색종이 위에 번갈아가며 손가락을 올려놓아요. 색종이와 같은 색 손가락은 잘 보이지 않아요. 마치 동물들의 보호색처럼요.

46 공기의 힘으로 달려요 풍선 달리기 시합

풍선에 바람을 넣은 다음 입구를 손으로 잡았다가 놓으면 이리저리 정신없이 날아가지요.
풍선이 앞으로 반듯하게 날아갈 수는 없을까요? 달리기 선수처럼 앞으로 쭉 나가는 풍선을 만들어 봐요.

놀이목표
물체의 운동, 작용 반작용의 법칙

연계 교육과정
초등5-2 ④ 물체의 운동

준비물
풍선, 빨래집게, 굵은 빨대, 실, 테이프

신과람쌤의 실험노트

바람이 든 풍선 입구를 손으로 잡았다가 놓으면 풍선은 바람이 빠지는 방향과 반대로 날아갑니다. 스케이트장 얼음판 위에 서서 벽을 손으로 밀면 반대로 미끄러지는 것과 같은 이치예요. 내가 벽에 미는 힘을 주면 벽도 나에게 그와 같은 힘을 반대로 줘서 내가 밀려나게 되지요. 이를 '작용 반작용의 법칙'이라고 해요. 이 힘을 이용해 달리기 선수처럼 직진하는 풍선을 만들어 봐요. 풍선에 빨대를 달고, 빨대를 반듯한 실에 꽂으면 풍선은 실을 타고 앞으로 쭉 나가게 된답니다. 풍선이 더 빠르게 나가게 하려면 어떻게 해야 할지 연구해 보고, 여러 개의 실에 풍선을 각각 달아서 달리기 시합도 해 보세요.

Step 1 달리는 풍선 만들기

1 풍선에 바람을 넣은 다음, 빨래집게로 입구를 막아 놓아요.

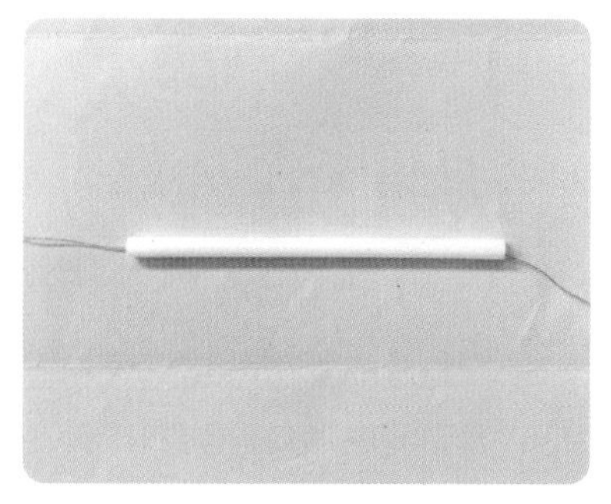

2 빨대를 10cm 정도로 자른 다음, 긴 실을 통과시켜요.

털실보다는 낚싯줄처럼 매끈한 줄이나 실을 사용하면 마찰이 줄어 풍선이 더 빨리 이동해요.

3 풍선의 몸체에 테이프로 다른 빨대를 붙이고, 그 위에 실을 끼운 빨대를 붙여요.

Step 2 풍선 달리기 시합

4 풍선의 실을 난간에 묶어 풍선이 달릴 레이스를 만들어요. 실이 팽팽해야 잘 달릴 수 있어요.

실내에서 할 경우 의자 두 개를 벌려 놓고 실을 연결해요.

5 풍선의 빨래집게를 뺀 후, 풍선이 어떻게 되는지 관찰해요.

풍선이 앞으로 날아가요.

바람이 빠지는 방향과 반대로 날아가네.

6 풍선을 더 빠르고 멀리 달리게 할 방법을 연구해 봐요.

어떻게 하면 풍선이 더 멀리 갈 수 있을까?

풍선에 바람을 더 많이 넣어요.

탐구 더하기

풍선에 바람을 넣어 묶은 뒤, 입구를 빨래집게로 집어서 실에 매달아요. 물총이나 호스로 풍선에 물을 쏘면 풍선이 멀리 밀려가요. 실과 빨래집게의 마찰이 풍선의 운동을 방해하지만 얼마 동안은 계속 미끄러져 가요. 왜 그럴까요?

답: 물체는 다른 것에게 힘을 받지 않는 한 운동을 계속 유지하려는 성질이 있기 때문이에요.

47 크레파스를 녹여요 드라이어 그림

크레파스를 문지르지 않고도 크레파스로 그림을 그릴 수 있어요.
드라이어의 뜨거운 바람을 이용해서 멋진 크레파스 그림을 연출해 볼까요?

놀이목표

열로 인한 물체의 상태 변화

연계 교육과정

초등3-2 ④ 물질의 상태

준비물

캔버스(스케치북), 크레파스, 드라이어, 글루건(목공풀), 마스킹 테이프, 바닥에 까는 비닐이나 종이

신과람쌤의 실험노트

그림을 그릴 때 쓰는 도구인 크레파스와 물감의 차이점은 무엇일까요? 크레파스는 고체이고 물감은 액체라는 것이 가장 큰 차이일 거예요. 고체는 담는 그릇에 따라 모양과 크기가 변하지 않는 특징이 있지만, 액체는 흐르는 성질이 있어 그릇에 따라 모양이 변해요. 물체는 고체에서 액체로 변할 수 있는데 그때의 온도가 녹는점이에요. 얼음의 녹는점은 0℃이지만 크레파스의 녹는점은 실온보다 높아서 실온에서는 고체로 존재해요. 하지만 드라이어의 뜨거운 바람에 의해서 고체인 크레파스는 액체로 변할 수 있어요. 액체로 변한 크레파스는 실온에서 다시 고체로 굳어요. 이러한 크레파스의 상태 변화를 이용해 멋진 그림을 그려 보세요.

Step 1 크레파스 녹이기

1 글루건이나 목공풀을 이용하여 크레파스를 캔버스나 스케치북에 붙여요.

글루건을 사용할 때는 뜨거울 수 있으니 아이가 어리면 엄마가 붙여 주세요.

2 바닥에 비닐이나 종이를 깐 다음, 드라이어로 크레파스에 뜨거운 바람을 가해요.

바람이 너무 강하면 녹은 크레파스가 사방에 튈 수 있으니 중간 바람을 사용해요.

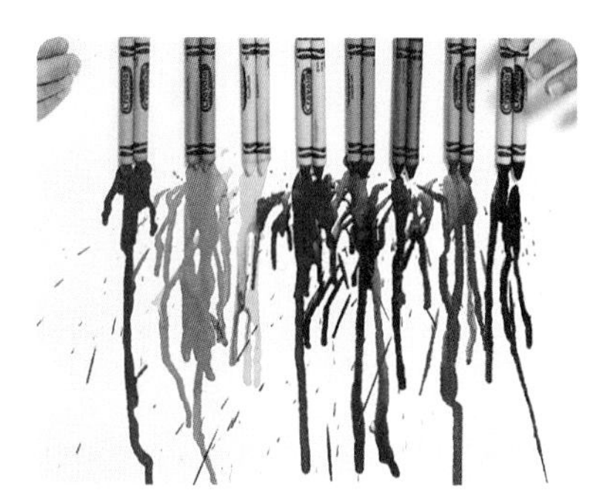

3 고체 크레파스가 열에 의해 액체가 되어 바람의 방향에 따라 흐르는 모습, 흐르다가 다시 고체로 굳는 모습을 관찰해요.

물체는 온도에 따라 이렇게 고체에서 액체로, 또는 액체에서 고체로 바뀔 수 있단다.

Step 2 드라이어 그림 그리기

4 집에 있는 몽당 크레파스를 모두 모아요.

5 캔버스나 스케치북에 그림을 그려요. 크레파스를 녹여 채색할 부분을 구상해요.

크레파스를 녹여서 무엇을 표현하고 싶어?

화려한 치마를 표현할래요.

6 크레파스를 녹여서 표현할 부분에 글루건을 이용해 크레파스를 붙여요.

크레파스가 녹아서 번지므로 띄엄띄엄 붙이는 것이 좋아요.

7 크레파스가 튀지 않도록 구상한 모양 둘레에 마스킹 테이프를 붙여요. 표현하고 싶은 방향에 맞추어 드라이어로 크레파스에 뜨거운 바람을 가해요.

8 마스킹 테이프를 조심히 떼요.

일반 테이프는 떼기 힘드니 잘 떼어지는 마스킹 테이프를 사용해요.

9 나머지 그림에 색칠을 하면 나만의 드라이어 그림이 완성됩니다.

48 스르르 번져서 피는 키친타월 무지개꽃

키친타월과 수성펜, 물만 있으면 알록달록 예쁜 종이꽃을 만들 수 있어요.
물에 녹는 잉크의 성질을 이용해 화려한 꽃을 만들어 봐요.

놀이목표
수성 잉크의 특징, 종이의 물 흡수

연계 교육과정
초등4-1 ⑤ 혼합물의 분리

준비물
키친타월, 커피 여과지, 수성 사인펜, 그릇, 나무젓가락, 모루, 가위

신과람쌤의 실험노트

펜으로 그려 놓은 그림에 실수로 물을 엎질러서 그림이 번진 적이 있나요? 그렇다면 그때 사용한 펜은 수성펜이에요. 펜에 적혀 있는 설명을 잘 읽어 보면 수성펜 또는 유성펜이라고 쓰여 있어요. 수성펜은 물에 잉크를 녹여 놓은 펜이고, 유성펜은 기름에 잉크를 녹여 놓은 펜이에요. 그래서 수성펜은 물에 닿으면 잘 번지는 특징이 있어요. 이 특징을 이용해 종이를 예쁘게 물들이고, 이 종이로 꽃을 만드는 활동이에요. 이때 종이는 물을 쉽게 빨아들이는 키친 타월이나 커피 여과지가 좋아요. 종이가 물을 흡수하면 물의 이동에 따라 펜이 종이를 어떻게 물들이는지 관찰해 봐요.

1 키친타월, 커피 여과지를 깔때기 모양으로 접은 뒤 부채꼴 모양으로 잘라요. 아랫부분에 수성펜으로 색을 칠해요.

물에 담가 놓을 부분은 남겨 두고 색칠해요.

2 물이 담긴 그릇에 색칠한 아랫부분만 살짝 잠기게 해요.

커피여과지를 사진처럼 나무젓가락에 걸쳐서 물에 빠지지 않게 할 수 있어요.

3 색이 예쁘게 번지고 나면 꺼내서 펼친 후 말려요.

보라색을 칠했는데 하늘색, 자두색도 나왔어요!

4 다 마르고 나면 꽃 모양을 만들고 모루 끈으로 묶어요.

알록달록 무늬로 또 무엇을 만들 수 있을지 생각해 봐요.

5 키친타월에 무지개색을 칠하고 색칠한 아랫부분만 물에 담가요.

키친타월을 식탁에 테이프로 붙여 놓으면 편해요.

6 물이 키친타월을 타고 거꾸로 올라오면서 색이 번지는 것을 관찰해요.

와! 물이 거꾸로 올라가요!

수도꼭지에서 나오는 물은 아래로 떨어지는데, 종이에서는 물이 거꾸로 올라갈 수도 있구나!

실험 속 과학원리

종이 표면을 현미경으로 들여다보면 아주 작은 구멍이 나 있어요. 이 구멍을 통해 물이 흡수되고 물은 모세관 현상에 의해 빠른 속도로 퍼져 나가지요. 화장지나 키친 타월은 물을 흡수하는 목적으로 만들어졌기 때문에 작은 구멍이 많아요. 반면에 A4용지는 화장지에 비해 종이가 빽빽하고 물이 들어갈 공간이 적어요. 그래서 화장지에 비해 물의 흡수가 느려요.

49 누가누가 잘하나 포물선 투호 놀이

팽이놀이, 제기차기만큼 인기 있는 전통 놀이인 투호 던지기를 집에서 해 봐요. 긴 막대기 모양의 화살을 직접 만들어서 투호 병으로 던지는 놀이예요.

놀이목표

포물선 운동, 무게 중심

연계 교육과정

초등5-2 ④ 물체의 운동

준비물

긴 빨대, 구슬, 점토, 테이프, 빈 통

신과람쌤의 실험노트

우리 나라에서는 삼국시대와 조선시대에 투호 놀이를 했다는 기록이 있어요. 투호 놀이에 사용되는 화살과 투호 병의 모양과 크기는 다양해요. 집에서 간단한 형태로 화살을 만들어서 투호 놀이를 즐겨 봐요. 화살이 투호 병 속으로 잘 들어가게 하는 방법이 있어요. 바로 화살의 앞쪽을 무겁게 만드는 거예요. 무게 중심이 앞으로 쏠리기 때문이지요. 또 화살을 통에 던질 때 살짝 위쪽으로 던지면 포물선 운동이 일어나서 화살이 통에 더 잘 들어가요. 놀이를 통해 집중력을 키우고 화살을 포물선으로 던지는 신체 감각도 익혀 봐요.

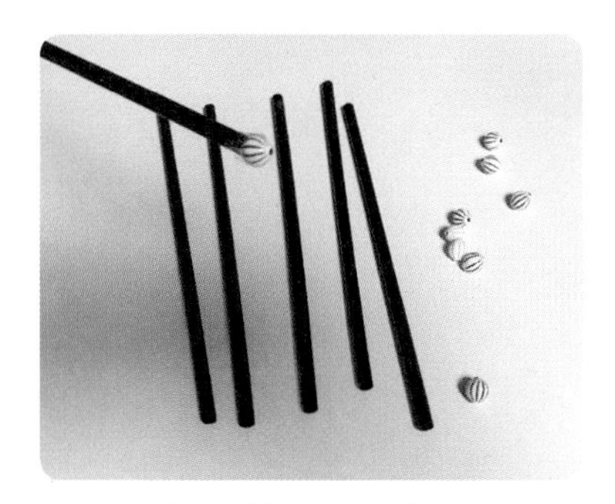

1 긴 빨대의 한쪽 끝부분에 테이프로 작은 구슬을 붙여요.

화살의 앞부분이 무거워야 투호 병에서 튕겨져 나오지 않고 잘 들어가요.

2 점토를 동일한 양으로 떼어 내 각 화살에 분배해요.

두 손바닥으로 점토를 동그랗게 굴려서 놓으면 점토 크기를 비교하기 좋아요.

3 점토로 빨대 끝에 붙인 구슬을 감싸고, 점토를 동그랗게 만들어요.

4 팀을 나누어 화살을 분배하고, 화살을 넣을 빈 통을 준비해요.

5 적당한 거리에 선을 긋고, 빈 통을 향해서 화살을 던져요.

처음에는 가까이에서 던져 본 후 익숙해지면 조금 더 먼 거리에서 던져 보세요.

6 누구의 화살이 더 많이 들어가는지 시합해 보세요.

탐구 더하기

화살 꼬리 부분에 두꺼운 종이로 날개를 붙이거나 색종이로 깃을 만들어 달아 보세요. 아무것도 붙이지 않은 화살과 날개나 깃을 붙인 화살을 던지면서 차이점을 이야기해 보세요.

답: 화살에 날개나 깃을 달면 화살이 날아갈 때 흔들리지 않도록 해주어 더 정확하게 들어가요.

50 쓰러질 듯 말 듯 휴지심 오뚝이

손가락으로 툭 치면 쓰러질 것 같다가도 금세 다시 일어나는 오뚝이!
휴지심으로 오뚝이를 만들면서 절대 쓰러지지 않는 오뚝이의 비밀을 알아봐요.

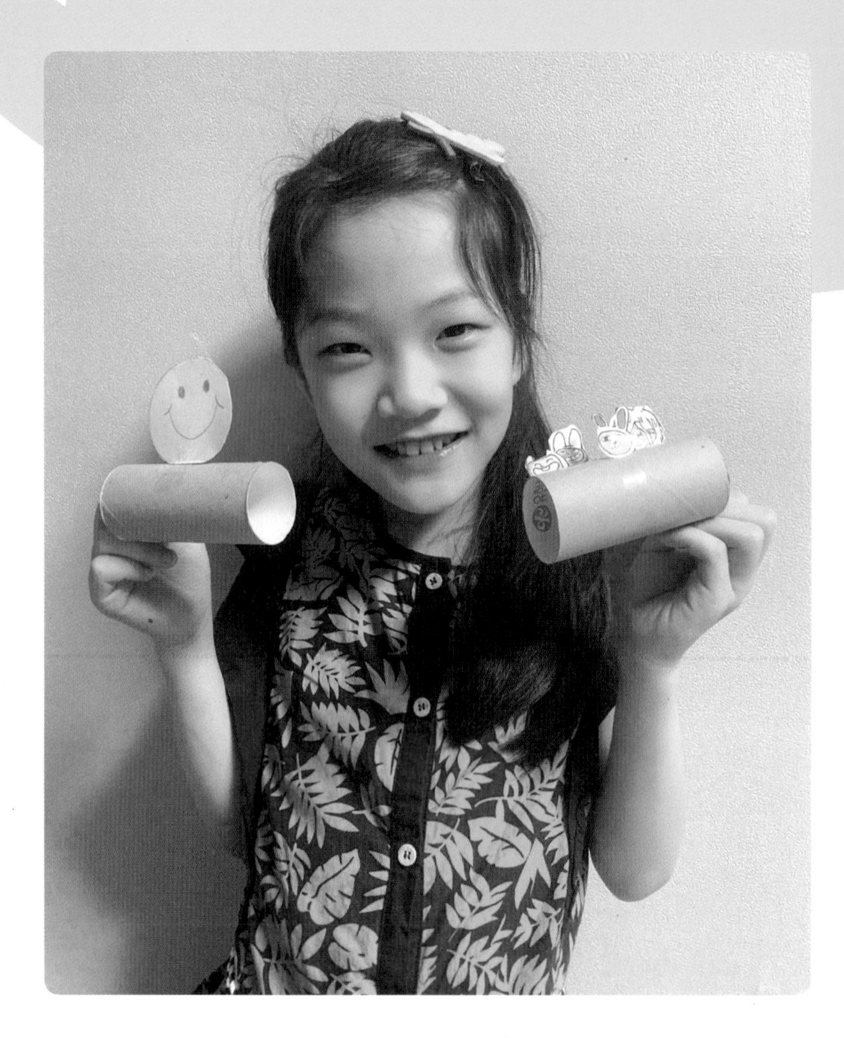

놀이목표
물체의 무게 중심

연계 교육과정
초등4-1 ④ 물체의 무게

준비물
휴지심, 색상지, 사인펜 및 색칠 도구, 딱풀, 테이프, 동전

신과람쌤의 실험노트

집에서 쉽게 구할 수 있는 휴지심으로 오뚝이 장난감을 만들 수 있어요. 둥근 휴지심을 눕혀서 손으로 밀면 데구르르 굴러가지요? 그런데 휴지심 가운데에 무거운 물체를 붙여서 밀면 흔들거리다가 다시 원래 위치로 돌아와요. 가벼운 휴지심에 붙인 무거운 물체가 무게 중심이 되기 때문이에요. 무게 중심이란 어떤 물체의 모든 부분에 작용하는 중력이 한곳에 모아지는 점이에요. 무게 중심은 물체의 무게가 집중되는 부분이므로 그곳을 지탱하면 물체를 들어올릴 수 있어요. 힘이 아주 센 슈퍼맨이 자동차를 손끝으로 들어올릴 수 있다고 상상해 보세요. 그 위치가 바로 자동차의 무게 중심이랍니다.

1 휴지심을 원통 놀이기구라고 생각하고 그 위에 붙일 그림을 그려요.

휴지심에 붙였을 때 그림이 서 있도록 두꺼운 종이에 그려요.

2 그림을 오린 후 테이프를 이용해 휴지심 위에 세워서 붙여요.

3 휴지심 가운데에 붙일 무거운 물체를 찾아봐요.

휴지심보다 무거운 물체를 찾아보자.

한 손에는 휴지심, 다른 손에는 지우개나 동전 등의 물체를 들고 무게를 비교해 봐요.

4 무거운 물체를 찾았다면 휴지심 안쪽에 사진과 같이 붙여요.

바닥에서 무게 중심 역할을 하도록 종이인형과 정확히 반대쪽에 붙여요.

5 휴지심을 손가락으로 밀어 봐요. 까딱까딱 움직이지만 쓰러지지 않는 오뚝이가 됐어요.

큰 힘으로 밀어도 쉽게 넘어가지 않게 하려면 어떻게 해야 할까?

더 무거운 물체를 휴지심에 붙여 볼까요?

실험 속 과학원리

놀이터에 있는 시소의 무게 중심은 시소 한가운데에 있어요. 그래서 양끝에 앉은 친구들이 균형을 맞추며 놀이기구를 탈 수 있어요. 바다에 떠 있는 배나 하늘을 나는 비행기는 무게가 균형을 이루는 것이 매우 중요해요. 만약 한쪽에만 짐을 실어 무게의 균형이 맞지 않으면 큰 사고로 이어질 수 있으니까요.

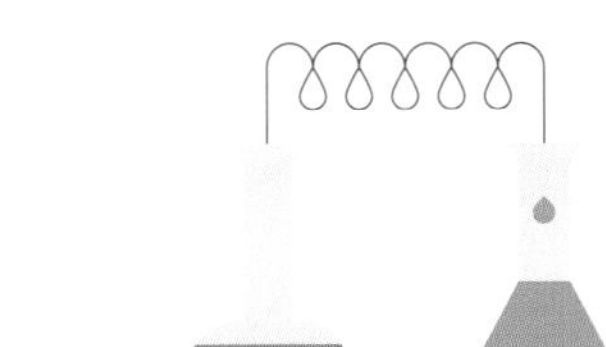

51 동전아, 목욕하자 동전 닦기 챌린지

반짝거리는 새 동전을 보면 기분이 좋지요? 하지만 우리가 갖고 있는 대부분의 동전은 반짝임을 잃은 상태예요. 어떻게 하면 새로 나온 동전처럼 깨끗하게 만들 수 있을까요?

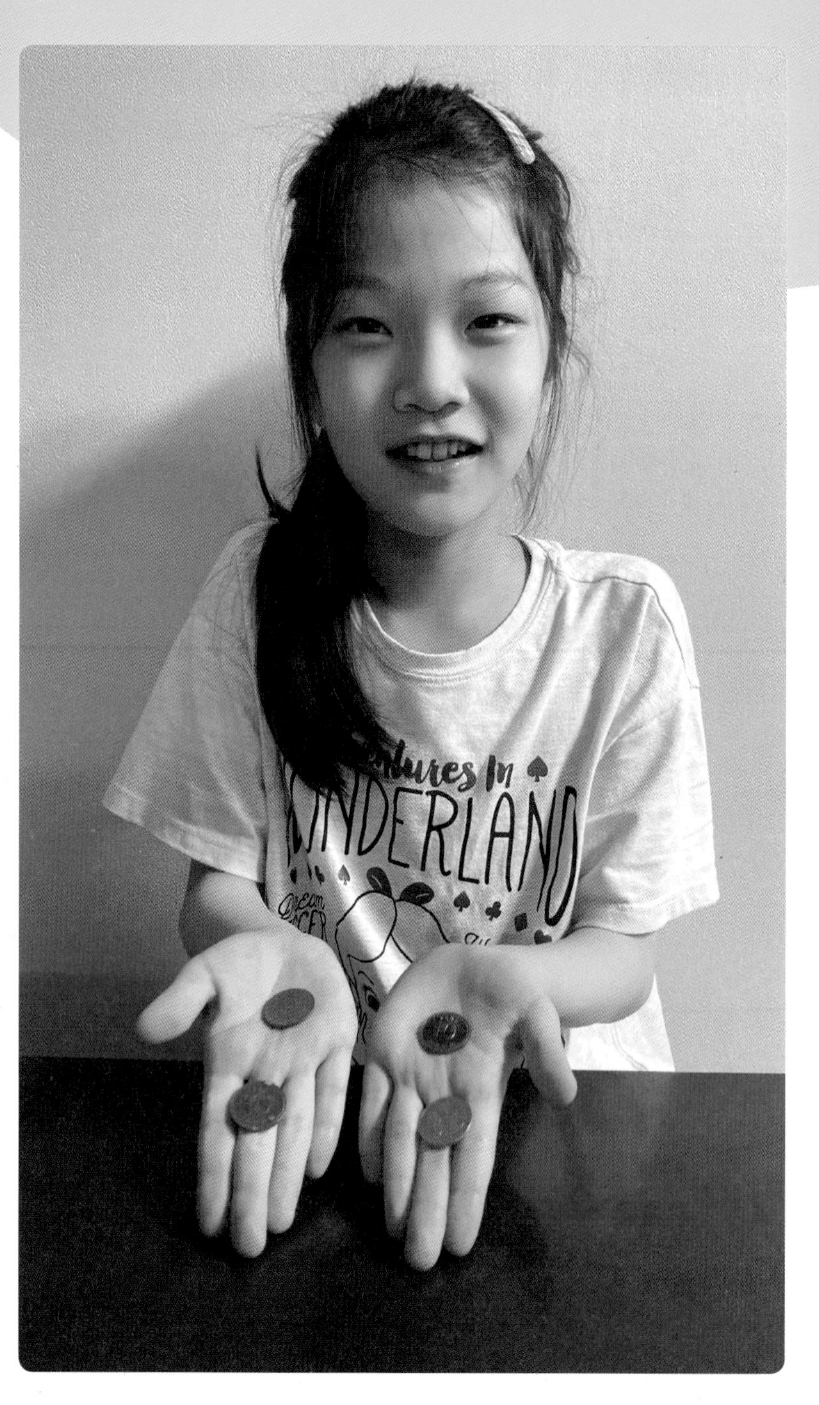

놀이목표

동전 구성 물질, 부식된 동전 되돌리기

연계 교육과정

초등5-2 ⑤ 산과 염기

준비물

10원짜리 동전들, 면봉, 식초, 소금, 소다, 물, 치약, 목욕비누, 손소독제, 키친 타월 등

신과람쌤의 실험노트

동전은 처음 만들어졌을 때는 반짝거리지만 시간이 지나면 공기중의 산소와 결합해서 탁한 색으로 변해요. 이것을 '녹슨다', '부식된다'고 말해요. 비 맞은 자전거나 우산을 내버려두면 붉게 녹이 스는 것을 볼 수 있어요. 이것은 철이 산소와 결합해서 새로운 물질이 되기 때문이에요. 동전의 '때'도 알고 보면 금속이 산화되어 만들어진 새로운 물질이에요. 어떻게 하면 동전을 가장 깨끗하게 되돌릴 수 있을까요? 욕실, 주방에 있는 다양한 물질을 이용하여 표면이 더러워진 10원짜리 동전을 반짝반짝하게 목욕시켜 봐요.

1 동전을 먼저 물로 닦아 보고, 동전을 깨끗이 씻어줄 다른 물질을 찾아봐요.

동전이 깨끗해지지 않아요.

그럼 뭘로 목욕을 시키면 깨끗해질까?

2 소금, 식초, 소다, 치약 등 다양한 세척 물질을 준비하면서 무엇이 가장 잘 닦일지 예상해 봐요.

가장 잘 닦이는 것은 뭘까?

저는 치약일 것 같아요.

3 휴지 위에 동전을 올려놓고 동전에 식초를 조금 부어요.

식초, 소다, 소금으로 각각 닦아 본 후, 식초와 소다, 식초와 소금 등을 혼합해서도 닦아 보세요.

4 면봉으로 살살 문질러 동전을 닦아요.

동전이 점점 깨끗해지고 있어요.

5 소금을 섞은 식초에 동전을 담가 놓았다가 물로 헹궈요.

식초는 산성이어서 동전을 오래 담가 두면 더 쉽게 녹이 슬어요. 꼭 물로 헹궈 주세요.

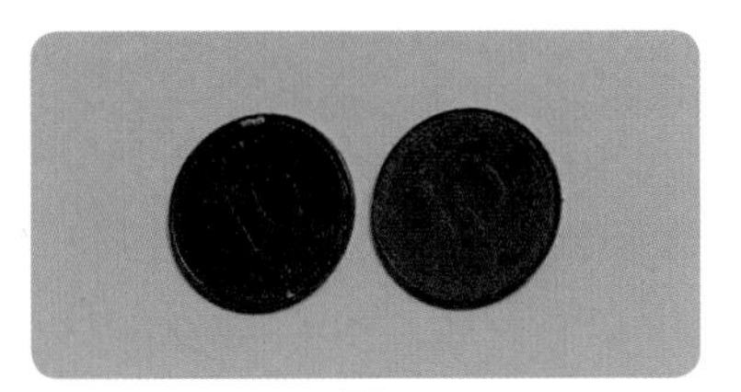

▼

6 닦기 전과 후의 동전을 비교해 봐요.

동전 닦기에 가장 좋은 물질은 뭐였어?

식초와 소금이 제일 잘 닦였어요!

각 물질로 동전을 닦은 뒤, 깨끗해진 정도를 1~5의 숫자로 표시해 봐요.

물질	식초	식초+소금	식초+소다	목욕비누+물	손소독제
결과					

실험 속 과학원리

연마제가 포함된 치약이나 소다를 사용하면 비교적 쉽게 동전의 때를 제거할 수 있어요. 치약에 포함된 아주 작은 알갱이가 동전 표면을 긁어 내기 때문이에요.

52 데굴데굴 굴러가는 내 발 자전거

가족 중에 누구의 발이 가장 큰가요? 온 가족의 발을 그린 후 크기를 비교해 봐요.
또 발 모양으로 자전거를 만들어 누구 자전거가 멀리 가는지 시합도 해 보세요.

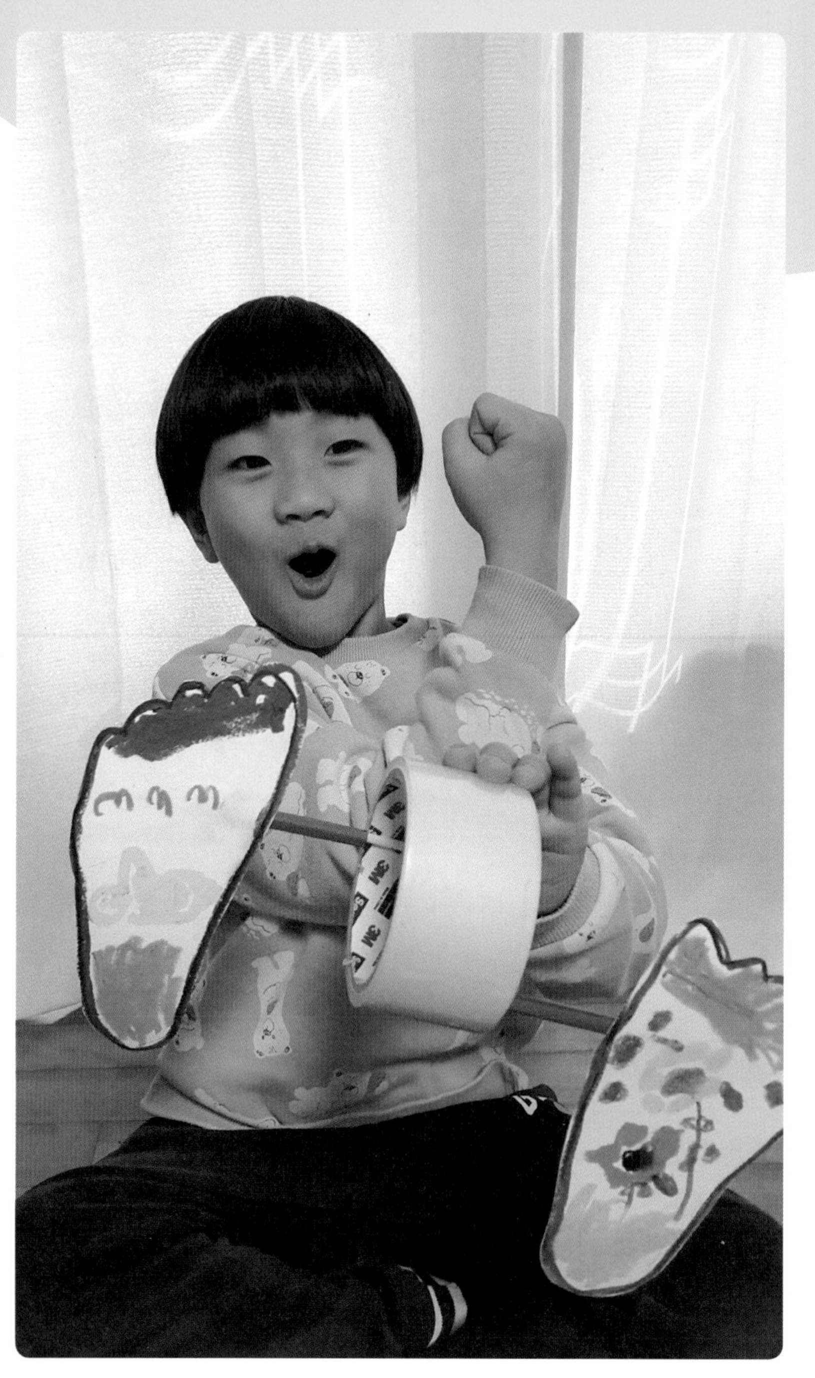

놀이목표

신체 관찰, 길이 측정 및 비교

연계 교육과정

초등3-1 ① 과학자는 어떻게 탐구할까요?

준비물

스케치북, 박스 테이프, 굵은 빨대, 얇은 빨대, 연필, 크레파스, 가위, 자

신과람쌤의 실험노트

과학의 가장 기본적인 능력인 '비교, 관찰, 측정'을 경험할 수 있는 놀이예요. 엄마, 아빠, 형제들의 발을 관찰하고, 크기를 비교하며 '크다, 작다'의 개념을 익힐 수 있어요. 아이들은 아직 1cm가 실제로 얼마만큼의 길이인지 모르는 경우가 많아요. 자를 이용하여 발 길이를 측정해 보면서 단위 개념도 익히고 크기를 정확하게 측정하는 방법도 연습해 보세요. 또한 각자의 발 모양으로 자전거를 만들어 달리기 시합을 하면서 '멀다, 가깝다'의 개념도 익혀 보세요.

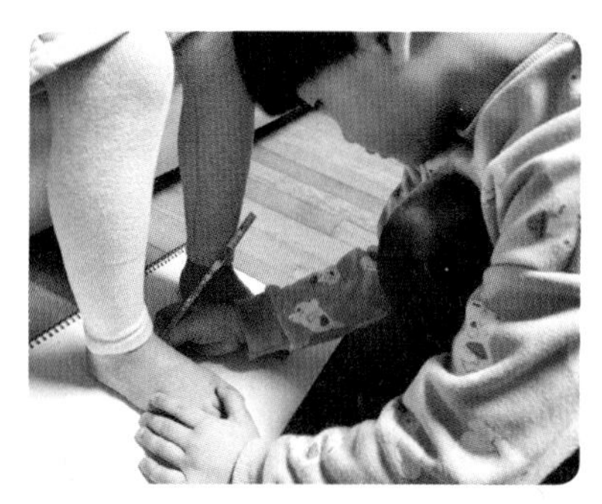

1 스케치북에 가족들의 발을 대고 연필로 발 모양을 그려요.

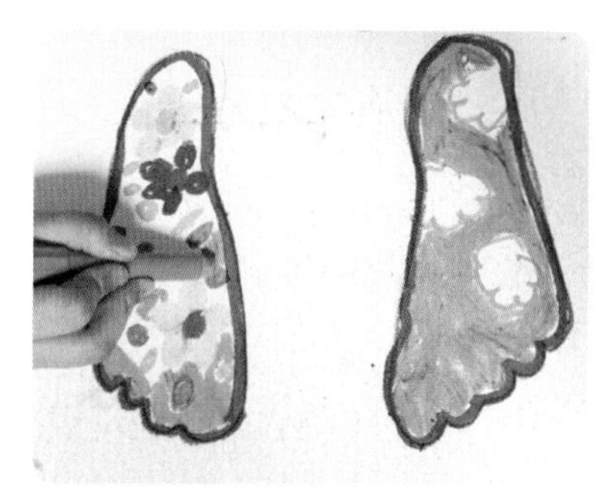

2 발 모양을 크레파스로 예쁘게 꾸며요.

3 2를 모양대로 오린 후 발의 크기를 비교·관찰해요. 자로 길이와 너비를 측정해요.

누나 발이 가장 커요. 자로 재니 길이가 22cm예요.

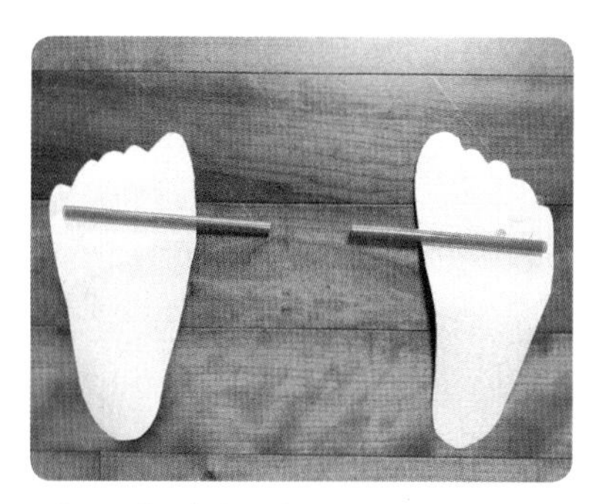

4 굵은 빨대를 반으로 잘라 양쪽 발바닥에 테이프로 붙여요.

빨대를 발 안쪽에, 중앙보다 위쪽에 붙여요.

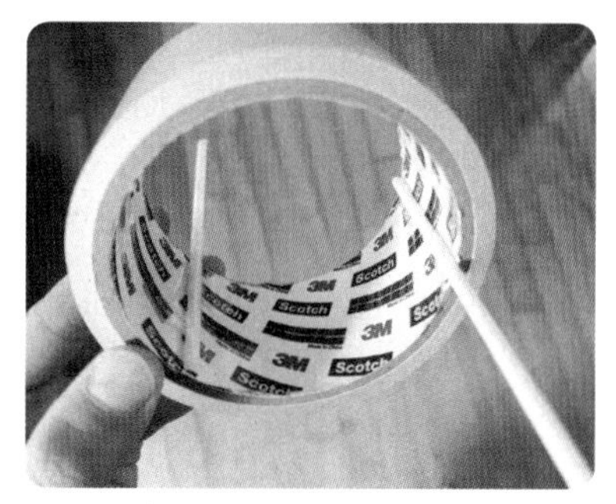

5 얇은 빨대를 박스테이프 안쪽에 붙여요. 빨대가 각각 반대편으로 나오도록 붙여요.

붙이는 위치의 간격이 위 사진 정도 되는 게 좋아요.

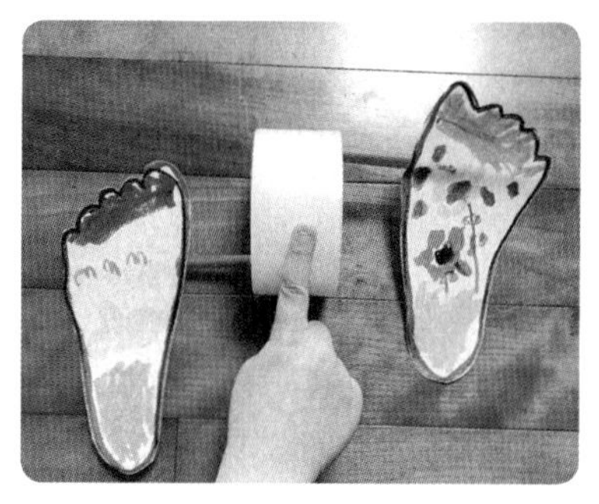

6 4의 굵은 빨대에 5의 얇은 빨대를 끼워요. 테이프를 살짝 밀면 자전거처럼 앞으로 나가요.

힘껏 밀면 빨대가 빠질 수 있어요.

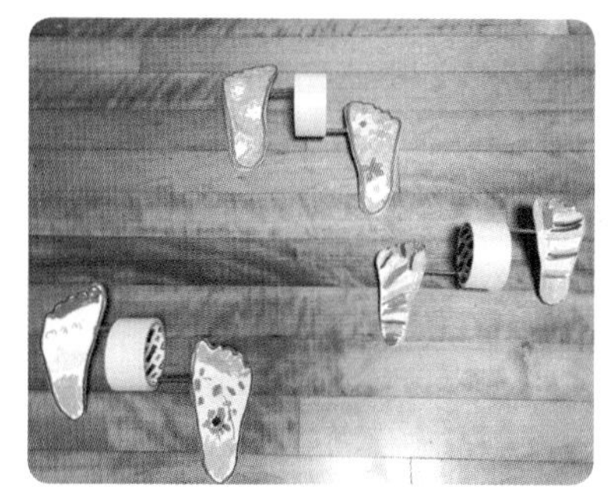

7 결승선을 표시해 놓고 누구의 자전거가 가장 가깝게 도착하는지 시합도 해 보세요.

탐구 더하기

가족의 발 길이를 측정한 후 표로 정리해 봐요.

가족	나	엄마	아빠	
발 길이	cm	cm	cm	

53 내 몸속 들여다보기 도화지 인체 탐험

우리 몸과 관련된 책을 읽은 다음, 커다란 종이 위에 내 몸속을 그려 보면 어떨까요?
심장,위, 대장 등을 그리다 보면 몸속 기관들이 머릿속에 쏙쏙 들어올 거예요.

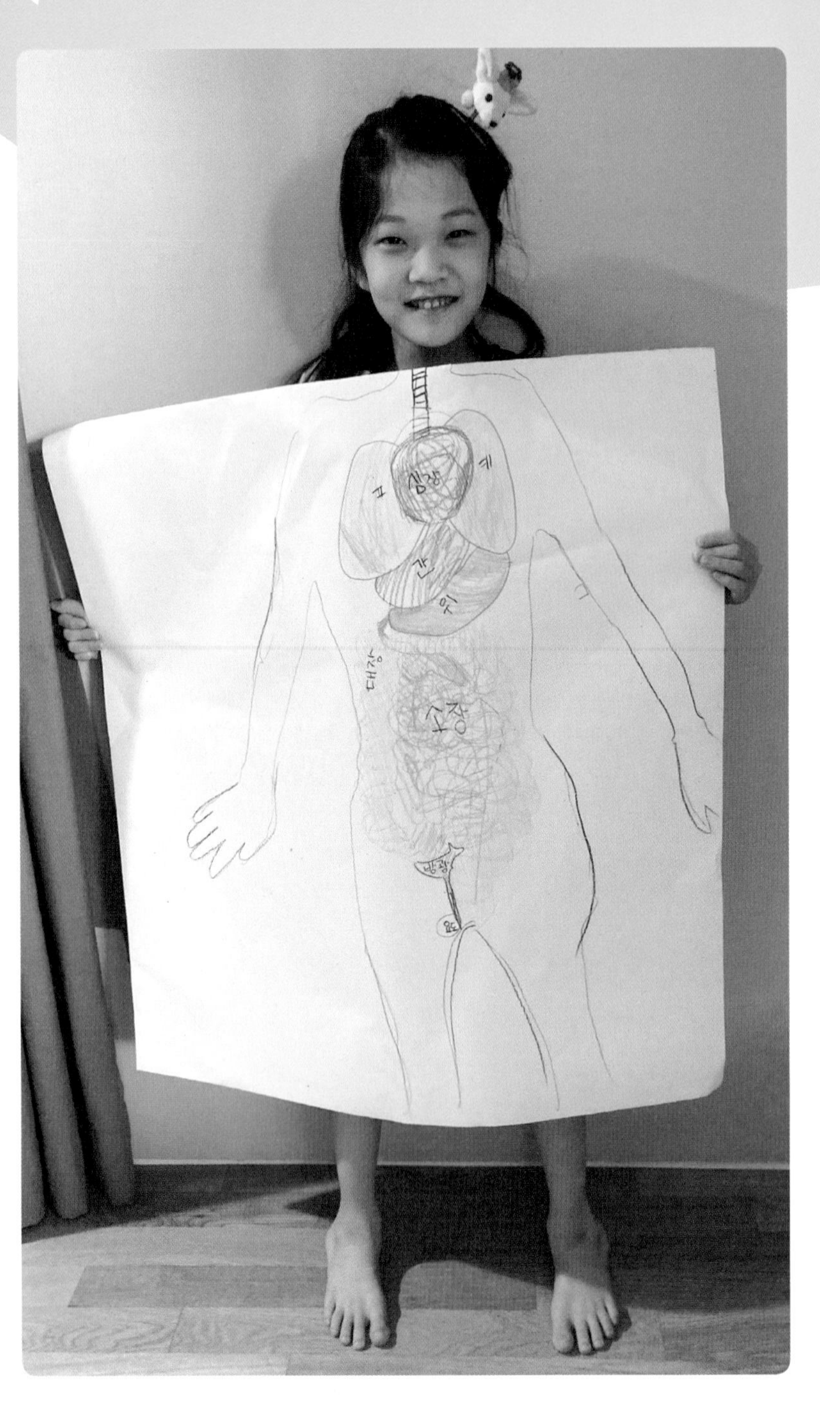

놀이목표

인체, 몸속 기관

연계 교육과정

초등6-2 ④ 우리 몸의 구조와 기능

준비물

큰 전지, 색칠 도구, 인체 관련 책

신과람쌤의 실험노트

아이들은 우리 몸과 관련된 책을 무척 흥미로워하지만, 몸속에 많은 기관들이 나오면 어려워할 수 있어요. 이럴 때는 같이 몸속 그림을 그리면서 놀이처럼 알려주세요. 과학을 좋아하는 방법, 과학적으로 생각하는 방법은 생각보다 어렵지 않아요. 책을 읽기만 하는 것보다 그림 그리기 등의 활동으로 연결해 주면 더욱 즐거운 학습이 되지요. 책을 읽으면서 여러 가지 정보를 검색해서 그림에 반영되도록 하면 더욱 생생한 과학 지식을 알게 될 거예요. 완성된 몸 그림을 아이의 얼굴 아래에 대고 사진을 찍으면 '속 보이는 내 몸 그림'이 돼요.

Step 1 도화지에 내 몸 그리기

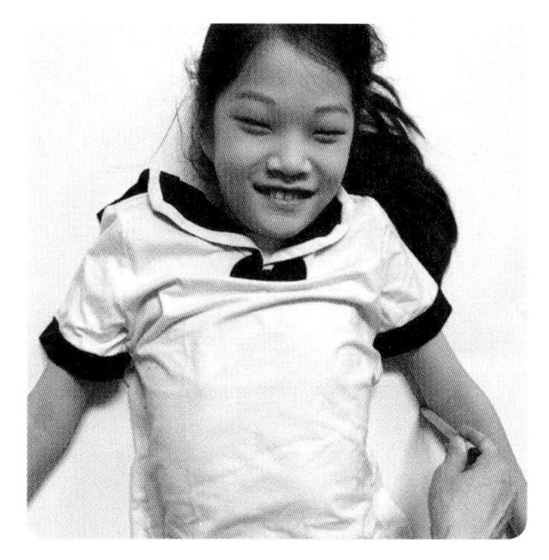

1 큰 전지에 아이를 눕히고, 아이의 몸을 따라 외곽선을 그려요.

2 외곽선이 흐린 부분이 있으면 진하게 덧칠해서 몸의 모양을 완성해요.

3 얼굴도 그리고 이름도 써요.

Step 2 내 몸속 기관 그리기

4 인체에 관련된 책을 같이 읽으며 우리 몸속에 어떤 기관들이 있는지 알아봐요.

책이 없으면 스마트폰으로 검색해 보세요.

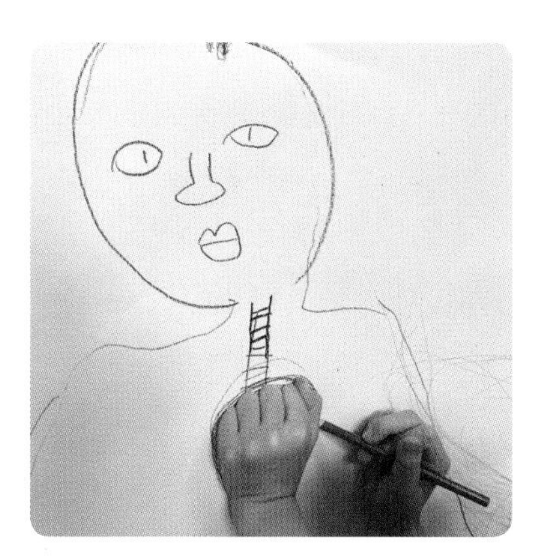

5 책의 내용을 최대한 반영하며 몸속 기관들을 그려요.

심장은 얼마나 커요?

심장은 사람의 주먹만 해. 네 주먹을 대고 그려봐.

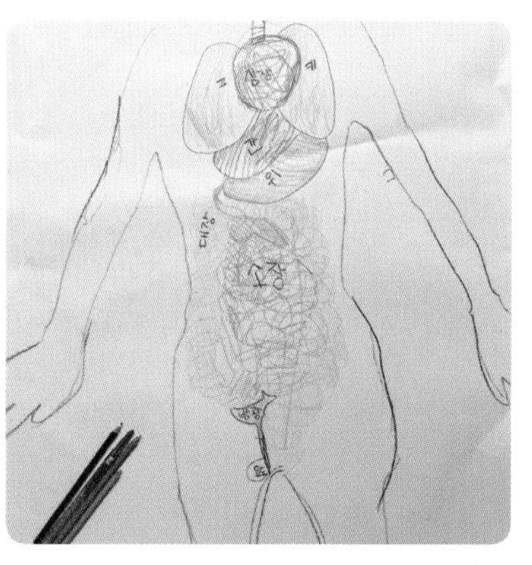

6 식도, 위, 소장, 대장, 폐 등을 모두 그린 후 각각의 이름도 써 주세요.

내 몸속이 이렇게 생겼어요? 신기해요!

탐구 더하기

심장은 사람의 주먹만 한 크기이므로 아이가 주먹을 대고 심장을 그리도록 알려 주세요. 그림으로 그리다 보면 생각보다 심장이 작고 이에 비해 폐가 무척 크다는 것을 알게 돼요. 또 식도, 위, 소장, 대장, 항문이 연결되도록 그리면서 우리가 먹은 음식이 소화되는 경로를 자연스럽게 알게 됩니다.

54 우리는 어떻게 숨을 쉬지? 폐 모형 만들기

'숨을 쉬어야지' 하고 계속 생각하면서 숨을 쉬는 사람은 없을 거예요.
우리도 모르는 사이에 공기가 콧속으로 들락날락하지요. 우리 몸의 폐 모형을 만들어 그 원리를 알아봐요.

놀이목표

폐의 작동 원리

연계 교육과정

초등6-2 ④ 우리 몸의 구조와 기능

준비물

일회용 플라스틱컵, 풍선(빨간색 2개, 흰색 1개), 손펌프, 송곳, 주름 빨대 2개, 테이프, 고무줄, 도화지, 색연필, 가위

신과람쌤의 실험노트

우리가 산소를 들이마시고 이산화탄소를 내보내는 과정을 호흡이라고 해요. 산소는 코를 통해 들어가서 기관과 기관지를 거쳐 폐에 도착하고, 이산화탄소는 반대의 길로 나와요. 하지만 폐는 근육이 없어서 스스로 움직여 공기를 이동시킬 수 없답니다. 갈비뼈와 횡격막이 위아래로 움직여야 공기가 들어왔다 나갔다 할 수 있어요. 갈비뼈가 위로 올라가고, 횡격막은 아래로 내려가 공간을 넓히면 공기가 들어올 수 있어요. 숨을 내쉴 때는 그 반대가 되겠죠. 이 과정을 이해할 수 있는 놀이예요. 폐 모형을 만들어서 폐의 작동 원리를 알아봐요.

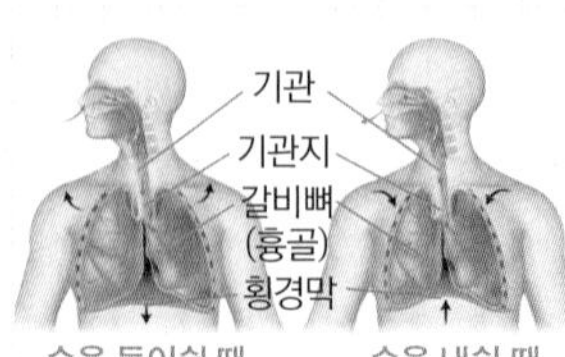

Step 1 폐 모형 만들기

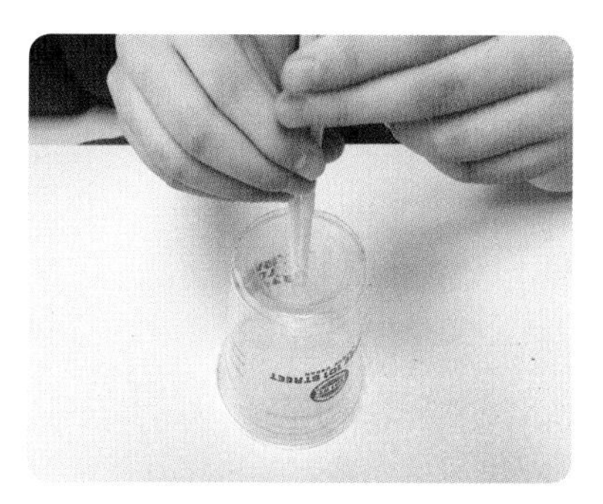

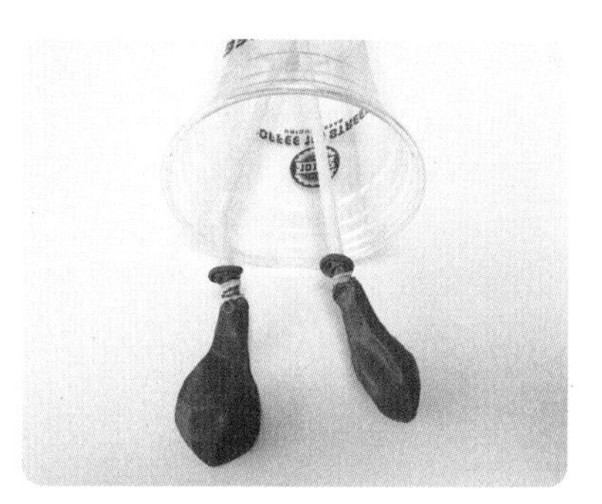

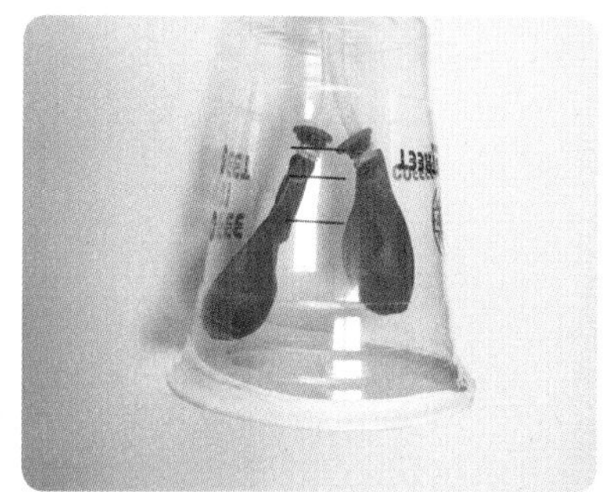

1 송곳으로 일회용 플라스틱컵의 바닥을 뚫어요. 주름 빨대 2개의 주름 윗부분을 테이프로 붙인 후 주름 있는 부분이 컵 안으로 들어가게 넣어요.

빨대가 들어갈 만큼만 구멍을 뚫어요.

2 빨대 끝에 빨간 풍선을 껴서 고무줄로 고정시키고, 빨대가 Y자 모양이 되도록 벌려요. 위에서 빨대를 잡아당겨서 풍선이 컵 안으로 들어가게 해요.

풍선을 미리 불었다가 공기를 빼서 늘려 놓으면 변화를 관찰하기 쉬워요.

3 흰색 풍선의 끝을 자른 후 잡아당겨서 컵의 아랫부분을 막아요. 벗겨지지 않도록 테이프로 붙여요.

풍선 한쪽을 먼저 붙인 후, 반대로 잡아당겨서 씌워요.

Step 2 폐의 크기 변화 확인하기

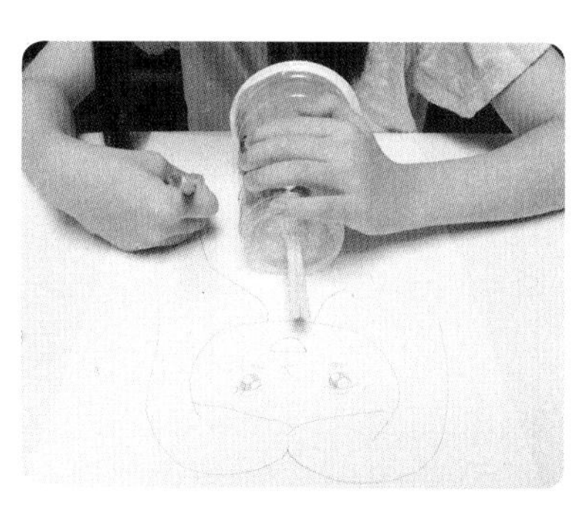

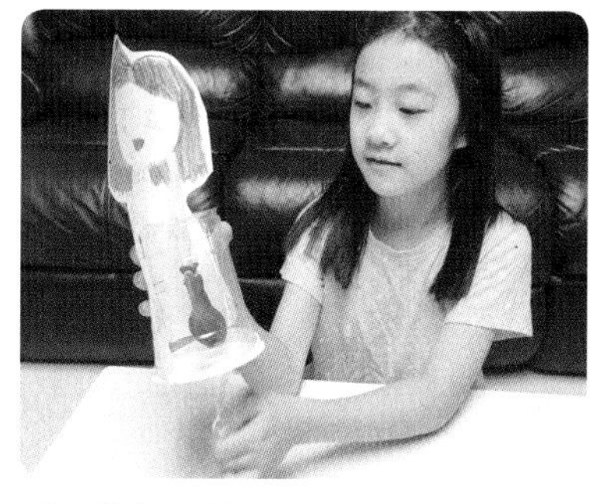

4 컵 위쪽으로 나온 빨대를 적당히 잘라요. 폐 모형을 도화지 위에 놓고 우리 몸의 상체를 그려요.

5 그림을 잘라서 폐 모형을 붙여요.

우리 몸 속의 폐가 이렇게 생겼단다.

6 흰색 풍선을 잡아당겼다가 위로 밀었다 하면서 빨간 풍선의 크기 변화를 관찰해요.

흰색 풍선을 잡아당기니까 빨간 풍선이 커져요.

우리가 숨을 쉬면 우리의 폐도 이렇게 커졌다 작아졌다 하는 거야.

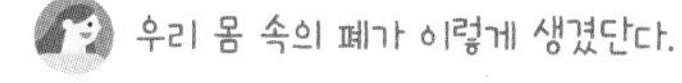

실험 속 과학원리

흰 풍선을 잡아당기면 공간이 넓어져 공기가 들어와 풍선이 커지고, 흰 풍선을 위로 밀거나 플라스틱컵을 누르면 공기가 나가서 풍선이 쪼그라들어요. 우리 몸속의 폐에서도 같은 현상이 일어나요. 횡격막이 아래로 내려가면 폐가 들어있는 가슴 속의 압력이 낮아져 상대적으로 압력이 높은 바깥 공기가 들어오고, 횡격막이 위로 올라가면 가슴 속 압력이 높아져 공기가 밖으로 나가게 돼요.

55 연필 위에 뭐든 올려요 무게 중심 찾기 놀이

꽃, 나비, 강아지, 공룡 등 어떤 모양의 그림이든 연필이나 뾰족한 물건 위에 올려놓을 수 있어요.
바로 '무게 중심'만 찾으면 된답니다.

놀이목표
무게 중심(균형점)

연계 교육과정
초등4-1 ④ 물체의 무게

준비물
두꺼운 종이, 색칠 도구, 가위, 핀, 실, 추(지우개, 장난감 등), 연필

신과람쌤의 실험노트

모든 물체에는 매달거나 받쳤을 때 기울어지지 않고 수평을 이루는 점이 있어요. 그 점을 '무게 중심'이라고 불러요. 무게 중심을 찾으면 책, 장난감, 커다란 자동차까지도 손가락 위에 올려놓을 수 있어요. 손가락 힘이 슈퍼맨만큼 세다면 말이죠. 그럼 무게 중심은 어떻게 찾을 수 있을까요? 색종이를 반을 접고, 돌려서 또 반을 접고, 마주보는 점을 모아 또 반을 접으면 가운데 점을 찾을 수 있어요. 그 점이 바로 무게 중심이에요. 손가락이나 연필 위에 방금 찾은 무게 중심이 오도록 올려 놓으면 색종이가 수평을 이루는 것을 볼 수 있어요. 그런데 색종이처럼 반듯한 모양이 아닌 경우에는 어떻게 무게 중심을 찾아야 할까요?

Step 1 무게 중심 찾기

1 두꺼운 종이에 원하는 그림을 그려요.

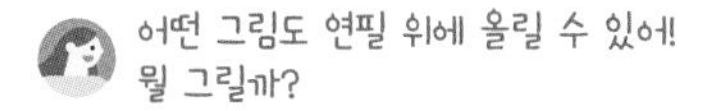

2 완성한 그림을 오려요. 가장자리에 핀 꽂을 자리를 2군데 정해요.

핀 꽂을 자리는 서로 가깝지만 않으면 어디든 괜찮아요.

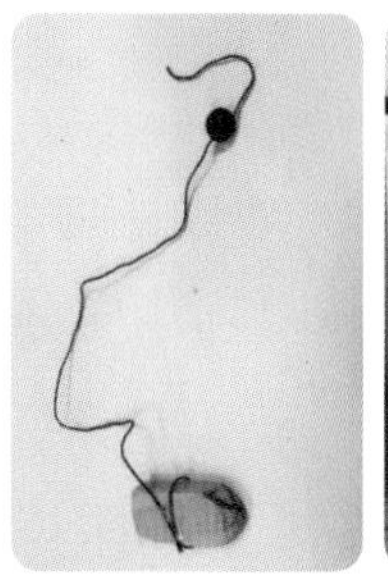

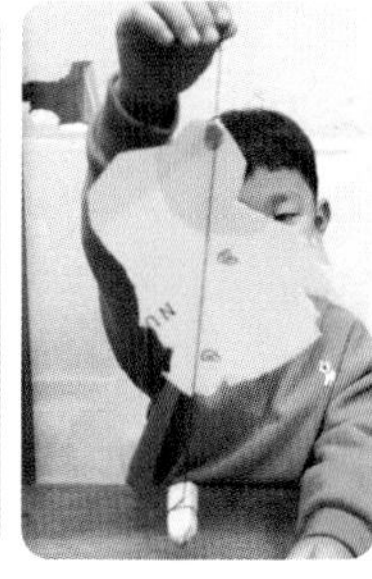

3 실에 핀과 추(지우개)를 매달아요. 그림에 핀을 꽂고 핀을 매단 쪽 실을 들어요.

그림에 핀을 꽂고 구멍을 키워요. 구멍이 핀보다 여유가 있어야 해요. 그림을 들었을 때 구멍에 핀이 끼어 안 움직이면 안 돼요.

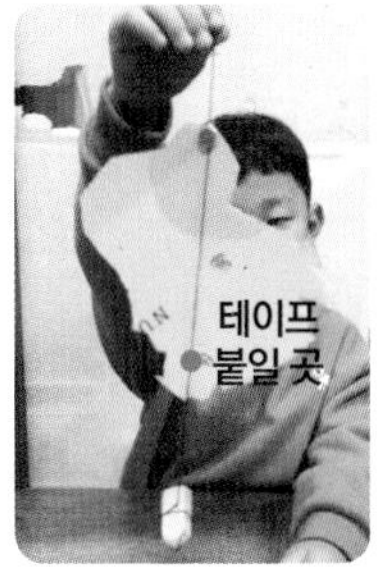

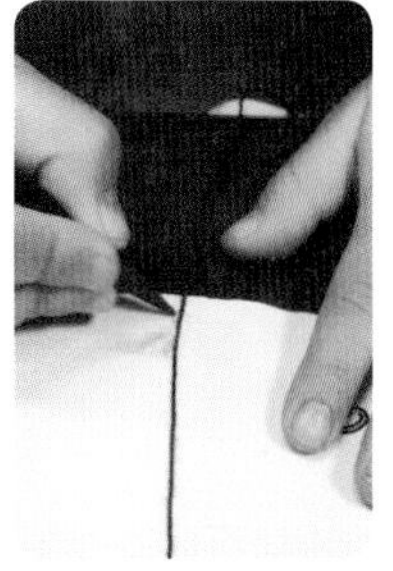

4 3을 든 상태에서 실 아랫부분을 테이프로 그림에 고정한 후, 실 위의 한 곳에 점을 찍어요.

5 핀을 꽂은 구멍과 4에서 찍은 점을 잇는 직선을 그려요.

벽에 매달아 놓고 선을 그려도 돼요.

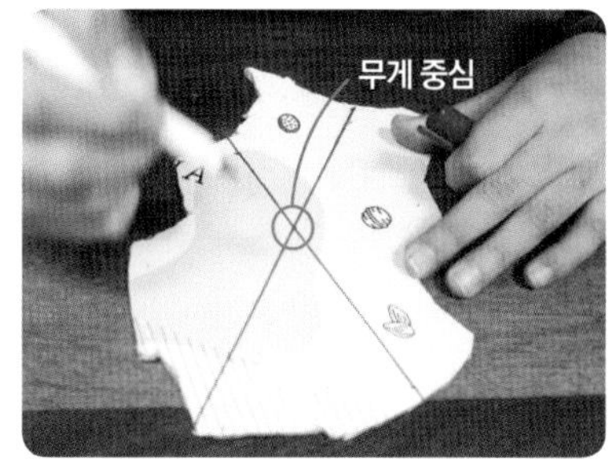

6 2에서 정한 다른 자리에 핀을 꽂고 3~5번 과정을 반복해요. 이렇게 그린 두 직선이 만나는 점이 무게 중심이에요. 무게 중심에 점을 찍어요.

Step 2 연필 위에 그림 올리기

7 그림의 무게 중심을 필기구 위에도 올려 보고, 손가락 끝에도 올려 봐요.

연필의 뾰족한 끝부분에 올리기 어렵다면 뭉툭한 뒷부분에 올려요.

8 매직 위에 그림의 무게중심을 맞춰 올리고, 그 위에 다른 매직을 올려 탑을 쌓을 수도 있어요.

56 클립 물고기를 잡아라 자석 낚시놀이

냉장고에 붙어 있는 자석과 클립 몇 개만 있으면 재미있는 낚시 놀이를 할 수 있어요.
내가 만든 자석 낚싯대로 바닷속 물고기를 잡아 볼까요?

놀이목표
자석의 성질, 자석의 활용

연계 교육과정
초등3-1 ④ 자석의 이용

준비물
도화지, 색종이(바다를 꾸밀 재료),
색칠 도구, 클립, 나무젓가락, 실, 냉장고 자석

신과람쌤의 실험노트

집안에 있는 자석을 찾아보세요. 냉장고에 붙여 놓은 자석도 있고, 책가방 똑딱이에도 자석이 있어요. 거울이 달린 엄마의 화장품에도 자석이 있는 것 같아요. 뚜껑을 가까이 하면 철컥 하고 닫히거든요. 생각보다 무척 많은 곳에 자석이 숨어 있지요? 자석은 철로 된 물체를 끌어당겨요. 철로 만들어진 머리핀, 클립 같은 것을 가까이 하면 달라붙는 것을 알 수 있어요. 반면 자석은 나무나 종이, 플라스틱은 끌어당기지 못해요. 자석에 달라붙는 물체와 달라붙지 않는 물체를 찾아보고, 자석의 성질을 이용해 낚시놀이도 해 보세요.

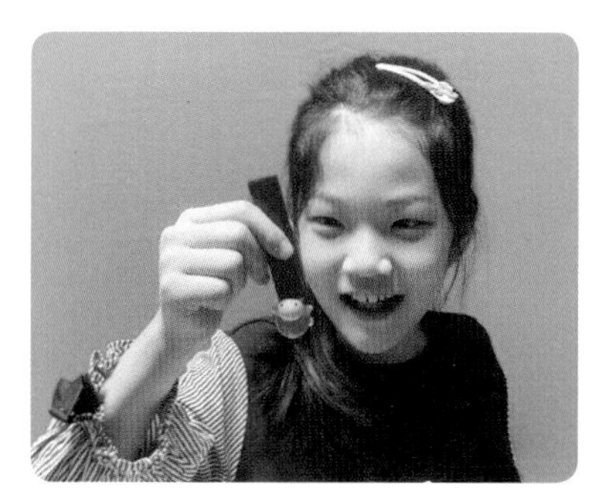

1 장난감 중에 자석에 달라붙는 것이 있는지 찾아봐요.

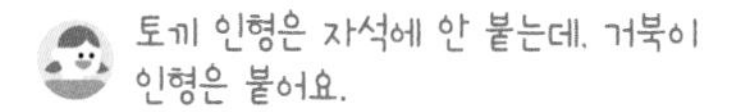

2 바다에 사는 다양한 물고기를 도화지에 그리고 색칠해요.

낚시할 물고기를 그려 보자. 어떤 물고기를 잡고 싶어?

3 색칠한 물고기를 가위로 오린 후, 물고기의 입 부분에 클립을 끼워요.

물고기가 자석에 달라붙게 하려면 어떻게 해야 할까?

물고기에 철로 된 클립을 끼워요.

4 나무젓가락에 실을 달고 실 끝에 자석을 묶어서 낚싯대를 만들어요. 냉장고 자석 정도면 충분해요.

5 파란 색종이로 바다를 만들고 그 위에 물고기를 배치해요.

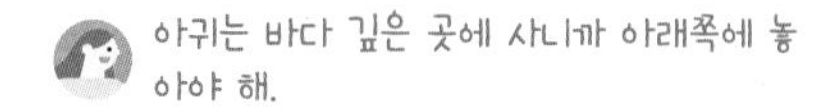

6 낚싯대로 물고기를 낚아 보세요.

물고기가 자석에 잘 붙어요.

클립을 빼도 자석에 붙을까?

탐구 더하기

사람들이 버린 페트병, 비닐봉지, 그물 등 각종 쓰레기들이 바다를 오염시키고 바다 생물을 위협하고 있어요. 낚시놀이에 이어 해양 쓰레기를 청소하는 놀이도 해 보세요. 쓰레기에 클립을 끼워서 건져 내는 활동을 하면서 환경 보호의 중요성을 느끼게 될 거예요.

57 세상에서 하나뿐인 우리 가족 지문나무

가족끼리는 눈, 코, 입 등의 생김새가 닮았는데, 그렇다면 지문도 닮았을까요?
우리 가족의 지문을 모두 찍어서 생김새를 비교해 봐요!

놀이목표

지문 관찰 및 모양 비교

연계 교육과정

초등6-2 ④ 우리 몸의 구조와 기능

준비물

파스텔(크레파스), 도화지, 테이프, 물티슈

신과람쌤의 실험노트

지문은 손가락 끝마디 피부에 있는 울퉁불퉁하고 소용돌이 치는 모양의 무늬를 말해요. 이 무늬 덕분에 감촉을 느낄 수 있고, 물건도 잡을 수 있어요. 범죄 현장에서 경찰들이 제일 먼저 지문을 찾는 이유가 뭘까요? 세상에 같은 지문을 가진 사람은 없기 때문이에요. 신분증을 만들 때 지문을 기록하기 때문에 범죄 현장의 지문을 통해 범인을 잡을 수 있는 거예요. 나와 우리 가족의 손도장을 찍어서 지문의 모양을 관찰해 보고, 지문을 이용한 나무도 만들어 보세요.

Step 1 지문 관찰하기

1 파스텔이나 크레파스에서 좋아하는 색을 고른 후 엄지손가락에 골고루 묻혀요.

지문용 스탬프가 가장 잘 찍혀요.

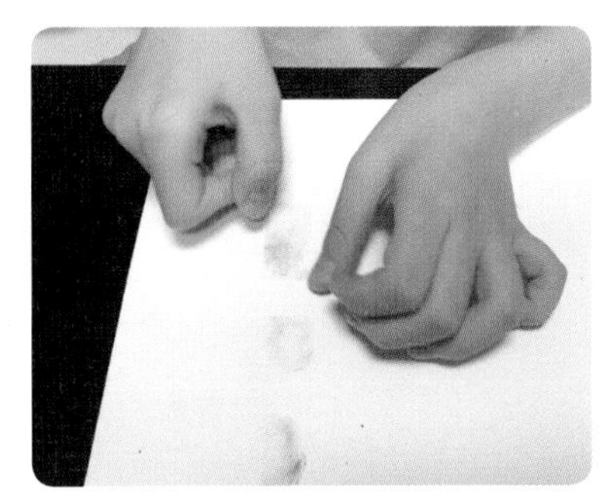

2 도화지에 '나'라고 적고 그 아래 손도장을 2~3회 찍어요. 테이프를 엄지손가락에 붙인 후 떼서 도화지에 붙여요. 엄마 아빠도 같은 방법으로 지문을 떠서 붙여요.

오른손과 왼손의 지문이 달라요.
엄마랑 저랑도 달라요!

테이프를 붙인 후 너무 문지르면 지문이 뭉개져요.

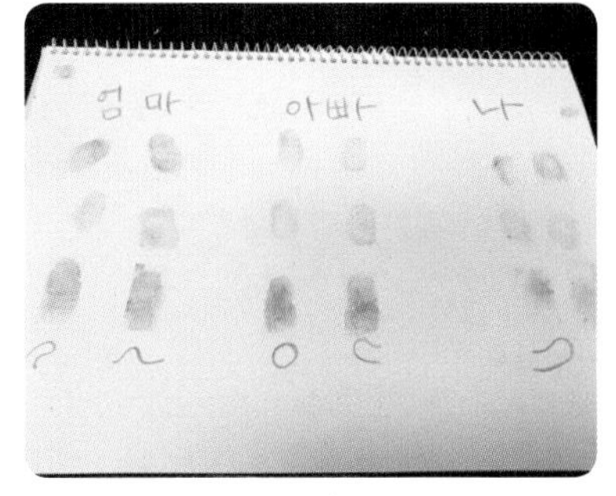

3 지문의 가운데 부분을 관찰해요. 어떤 모양으로 생겼는지 찾아서 그려요.

지문의 모양은 크게 다음과 같이 나뉘어요.

갈고리형

회오리형

아치형

Step 2 가족 지문나무 만들기

4 우리 가족의 지문나무를 만들기 위해 도화지에 나무를 그려요.

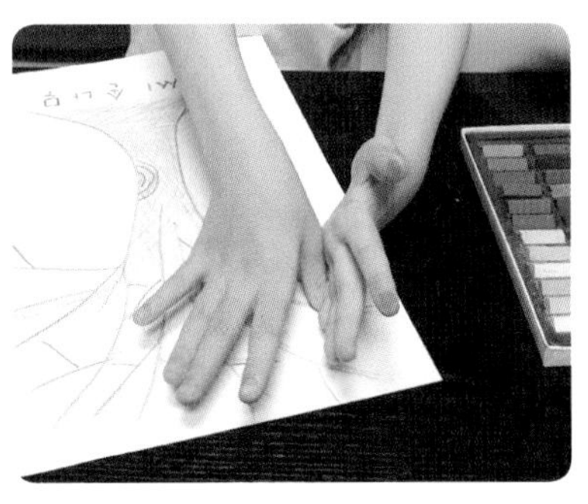

5 손가락에 파스텔을 묻혀서 나뭇가지에 지문을 찍어요. 다양한 색깔을 사용해요.

물기가 있으면 지문이 뭉개지니 물티슈로 손을 닦으면 물기가 남지 않도록 해요.

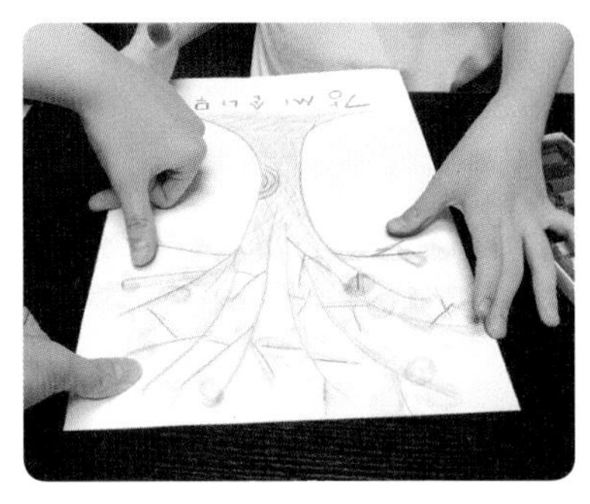

6 가족 모두 지문을 찍어서 나무를 꾸며요. 완성된 작품을 전시해요.

봄, 여름, 꽃나무 등 주제를 정해서 만들면 더 예뻐요.

탐구 더하기

요즘에는 잠겨 있는 스마트폰을 열 때도 지문을 이용해요. 스마트폰이나 출입문 도어락 같은 디지털 기기에 사용자의 지문이나 홍채를 등록해 사용자가 쉽고 간단하게 기기를 열 수 있어요.

58 물과 기름은 안 친해 물 위에 그림 띄우기

내가 그린 그림을 물 위에 둥둥 띄울 수 있다면 어떨까요?
물이 흔들리는 대로 같이 흔들리면서 살아 움직이는 느낌이 날 거예요.

놀이목표
물질의 성질, 밀도

연계 교육과정
초등3-1 ② 물질의 성질

준비물
손거울, 보드마카, 큰 그릇, 물, 수건

신과람쌤의 실험노트

화이트보드에 글씨를 쓰는 보드마카는 기름 잉크와 알코올을 섞어서 만들어요. 기름 잉크는 물과 안 친하지만 알코올은 물과 친해요. 그래서 보드마카로 그림을 그리자마자 물에 넣으면, 기름 잉크는 물과 섞이지 않지만 알코올이 물과 섞여서 그림이 망가져요. 기름은 잘 날아가지 않지만, 알코올은 금방 날아가는 성질이 있어요. 그래서 보드마카로 그린 그림을 후후 불면 알코올은 금방 날아가고 기름 잉크만 남아요. 기름은 물이랑 안 친하고 물보다 가볍기 때문에 기름 잉크만 남은 그림을 물에 넣으면 그림이 물에 둥둥 뜨게 된답니다. 그림도 띄워 보고, 내 이름도 써서 띄워 보세요.

1 손거울 위에 보드마카로 그림을 그려요. 보드마카 대신 유성매직이나 수성보드마카를 사용하면 안 돼요.

그림은 간단하고, 면을 메워 연결이 되게 그리는 것이 좋아요.

2 그림을 10초 정도 후후 불어서 보드마카에 있는 알코올 성분이 날아가도록 해요.

알코올은 물과 친하기 때문에 이 과정을 빠뜨리면 물에 넣었을 때 그림이 망가져요.

3 손거울을 기울여서 물에 살살 넣어요. 그림 가장자리가 물에 뜨는 게 보이면 천천히 거울을 더 넣어요.

우와, 정말 그림이 물에 떠요. 신기해요!

그림을 기름 잉크로 그렸는데, 기름은 물이랑 안 친하고 물보다 가볍기 때문에 그림이 물에 뜨는 거야.

4 수건으로 거울을 깨끗이 닦고 다시 그림을 그려요.

거울에 물이 남아 있으면 다음 그림이 망가지기 쉬워요.

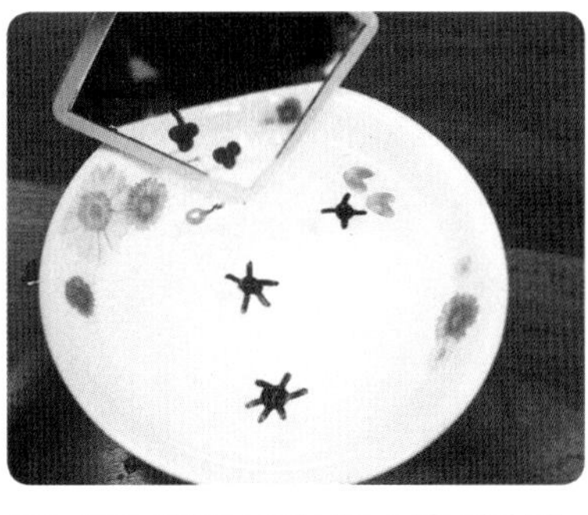

5 여러 색으로 그려 보고, 굵은 펜과 가는 펜으로도 그려서 다양한 그림을 물에 띄워 봐요.

어떤 색깔이 잘 뜰까?

굵은 펜과 가는 펜 중에 어느 것으로 그린 게 더 잘 뜰까?

6 둥둥 떠 있는 그림을 손거울로 다시 떠내요.

그림 띄우기와 그림 떠내기 중 어느 게 더 재미있어?

빨대를 이용해 그림을 불면서 놀아도 재미있어요.

놀이 더하기

손에 물을 안 묻히고 그림을 띄울 수는 없을까요? 매끈한 접시나 쟁반, 알루미늄 호일 등을 이용하면 가능해요. 접시나 쟁반에 보드마카로 그림을 그리고 10초 정도 후후 불어서 알코올 성분을 날린 다음, 그림 가장자리에 물을 살살 부으면 그림이 둥둥 떠요. 그림이 잘 안 떨어지면 접시를 흔들거나 가장자리를 빨대로 톡톡 쳐 주면 됩니다.

59 몰랑말랑 촉촉 끈적 슬라임 만들기

만지고 주무르고 쭉쭉 늘리다 보면 시간 가는 줄 모르고 계속 하게 되는 슬라임 놀이!
집에서 직접 슬라임을 만들어 실컷 가지고 놀아 보세요.

놀이목표

물질의 변화

연계 교육과정

초등3-1 ② 물질의 성질

준비물

PVA 물풀, 물, 렌즈세척액, 베이킹소다, 넓은 그릇

신과람쌤의 실험노트

슬라임은 액체일까요, 고체일까요? 슬라임의 재료인 물풀, 렌즈세척액, 물은 모두 액체이고 베이킹소다는 고체예요. 그런데 이 재료를 모두 섞으면 액체인지 고체인지 정체를 알 수 없는 상태가 되지요. 아이들은 슬라임을 만들면서 물질의 혼합과 상태 변화를 체험할 수 있어요. 처음 만들 때는 비율 조절에 실패하기 쉽지만, 만들다 보면 노하우가 생겨요. 분량을 잘 지켜서 섞은 뒤 열심히 주물러 주면 손바닥에 들러붙지 않는 슬라임이 된답니다. 슬라임을 만지고 난 뒤에는 꼭 손을 씻고, 슬라임을 만진 손으로 음식을 먹거나 슬라임을 입에 넣지 않도록 주의해요.

Step 1 슬라임 만들기

1 깨끗한 그릇에 PVA 물풀 한 통(50ml) 과 물(물풀의 1/2)을 부어 섞어요. 렌즈세척액을 물풀 뚜껑만큼 넣어요.

2 베이킹소다를 1/2티스푼만큼 넣어요. 반죽이 묽으면 소다와 렌즈세척액을 더 넣어요.

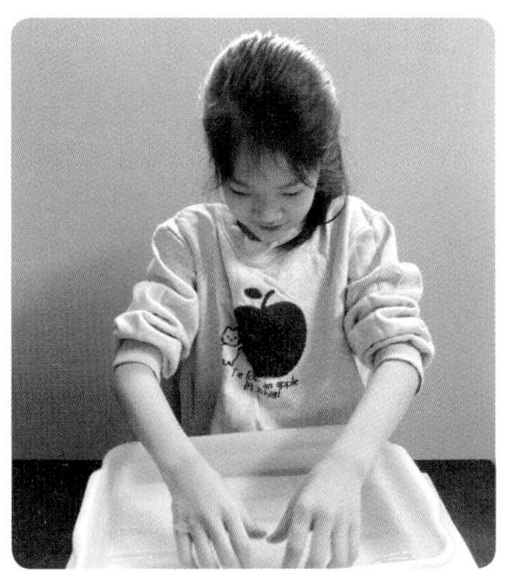

3 슬라임 형태가 될 때까지 반죽을 골고루 섞어요.

Step 2 슬라임 가지고 놀기

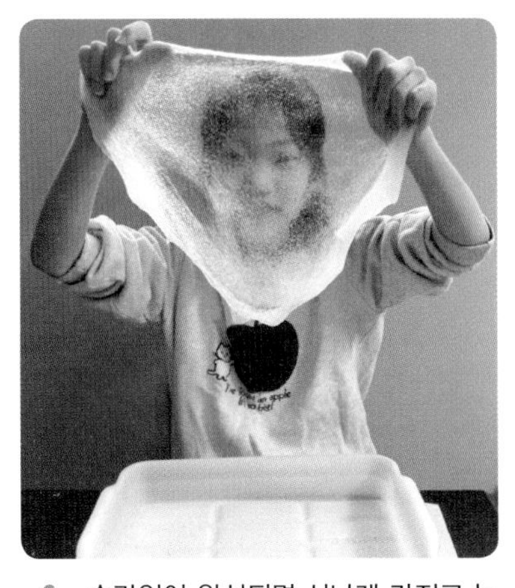

4 슬라임이 완성되면 신나게 가지고 놀아요.

먼지가 없는 깨끗한 곳에서 놀면 오랫동안 가지고 놀 수 있어요.

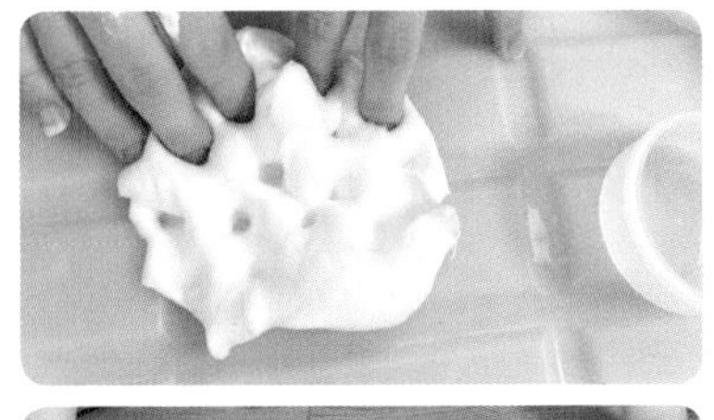

5 슬라임을 손가락으로 콕콕 눌러 보세요. 또 바닥에 넓고 얇게 편 다음 부풀려서 '바닥 풍선'도 만들어 봐요.

6 클레이를 이용하면 슬라임에 색을 입힐 수 있어요. 원하는 색의 클레이를 섞은 후 주물러서 알록달록한 슬라임을 만들어 보세요.

실험 속 과학원리

PVA(고분자화합물) 물풀은 끈끈하고 물에 녹는 성질이 있어요. 렌즈세척액에 들어 있는 붕사 성분이 PVA와 만나면 각각을 이루던 입자들이 새로운 형태로 결합하게 되고, 입자 사이에 물을 가둬 놓으면서 촉촉하고 끈적한 젤리 형태로 변하는 거예요.

60 그림이 영상이 된다 증강현실 만들기

요즘은 박물관이나 미술관에 가면 그림을 그려서 스캔한 후 화면에 띄워 주는 체험활동이 많죠? 모두 증강현실(AR)을 이용한 거예요. 아이와 집에서 증강현실을 체험해 볼까요?

놀이목표

증강현실 체험

연계 교육과정

초등4-2 ③ 그림자와 거울

준비물

도안(quivervision.com에서 다운로드하여 인쇄), 색칠 도구, 스마트폰

신과람쌤의 실험노트

아이패드가 출시된 2010년 이후에 태어난 세대를 '알파 세대'라고 해요. 이들은 태어나면서부터 손 안에 디지털 기기를 접한 디지털 네이티브(Digital Native)로, 시각적 자극에 민감하고 유튜브로 검색하거나 시리나 빅스비 같은 인공지능 기계와 소통하는 게 자연스러워요. 하지만 아이가 온라인 공간에서만 놀지 않도록 현실 공간에서의 놀이도 균형을 맞춰 주세요. 아이가 증강현실에 관심을 보일 때 집에서 직접 증강현실을 체험해 보세요. 아이가 그린 그림을 입체로 만들어 움직이게 할 수 있다면 너무 신나겠죠? 프린터와 스마트폰만으로 손쉽게 해 볼 수 있답니다.

1 퀴버비전 홈페이지(quivervision.com)에서 우측 상단의 Coloring Packs 메뉴를 선택하여 도안을 다운로드받아 출력해요.

2 출력한 도안을 크레파스 등으로 색칠해요.

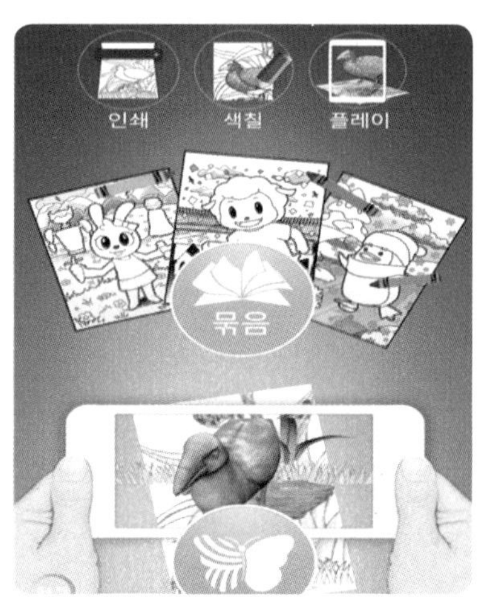

3 스마트폰에 〈Quiver〉 앱을 깔고 실행해요.

4 나비 모양의 버튼을 눌러 내가 색칠한 그림을 스캔해요.

주변이 조금 어둡거나 그림이 카메라 화면 안에 모두 들어오지 않으면 작동하지 않아요.

5 색 바꾸기, 사진이나 영상 촬영, 움직이기 등 화면과 도구들을 터치해 가며 증강현실에서 신나게 놀아요.

6 학습에 관심이 많다면 Education Starter Pack을 활용해 보세요. 화산, 지구, 동물세포, 식물세포 등 다양한 주제로 활동해 볼 수 있어요.

탐구 더하기

가상현실(VR)과 증강현실(AR)이 어떻게 다를까요? 현실에서 디지털 세계를 접하게 해준다는 점에서는 같아 보이지만, 가상현실(Virtual Reality)은 현실과 차단된 상태에서 가상 공간을 보여주는 기술이고, 증강현실(Augmented Reality)은 현실 공간 위에 가상의 정보나 이미지를 합쳐서 보여주는 기술이에요.

햇빛, 나뭇잎, 구름, 과일, 채소처럼 우리가 매일 접하는 자연과 음식 속에도 여러 가지 과학들이 숨겨져 있어요.

아이와 매일 함께 걸어가는 길, 매일 열고 닫는 냉장고 속에서도 과학을 느끼고 배울 수 있어요.

과학은 우리 생활 어디에나 있어요.

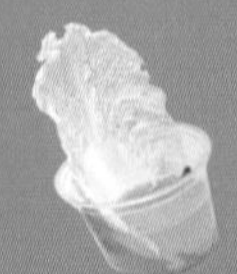

Part 4

오감으로 익히는 자연&요리 놀이

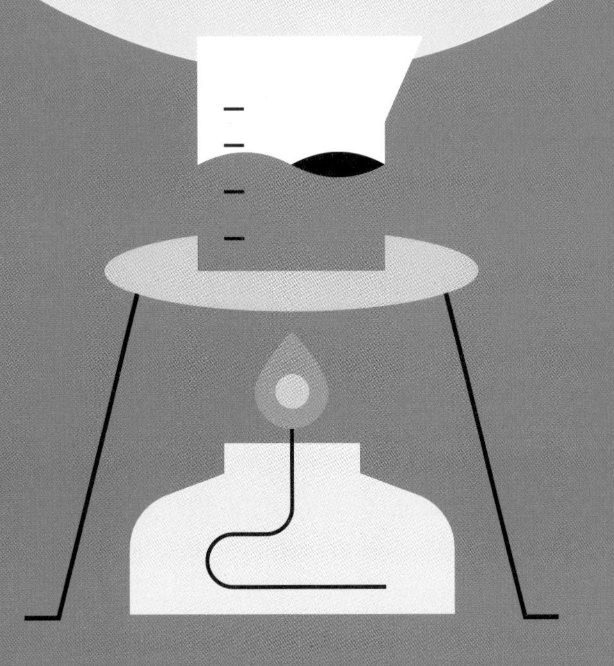

61 돋보기로 불을 피워요 햇빛으로 구멍 뚫기

해가 쨍쨍한 날에 돋보기만 있으면 종이를 태울 수 있어요. 사진에 하얀 연기가 솔솔 올라오는 게 보이나요? 해의 뜨거운 에너지를 모아서 무시무시한 우주 괴물을 물리쳐 봐요.

놀이목표

돋보기(볼록 렌즈)의 성질, 빛의 굴절

연계 교육과정

초등6-1 ⑤ 빛과 렌즈

준비물

종이, 색칠 도구, 돋보기

신과람쌤의 실험노트

빛의 성질을 기억하나요? 빛은 쭉 직진하고, 물체를 만나면 튕겨 나와 반사한다고 했지요. 그런데 렌즈를 지날 때 빛이 꺾여 '굴절'이 일어나게 돼요. 돋보기는 물체를 크게 자세히 보고 싶을 때 쓰는 도구예요. 돋보기의 투명한 부분이 렌즈입니다. 가운데가 볼록해서 '볼록 렌즈'라고 불러요. 볼록 렌즈를 통과한 빛은 그림처럼 한 점에서 모이게 됩니다. 빛이 모이는 점의 위치는 볼록 렌즈의 크기와 두께에 따라 달라요. 아이와 돋보기를 이용해 빛을 모아서 구멍을 뚫어 보세요.

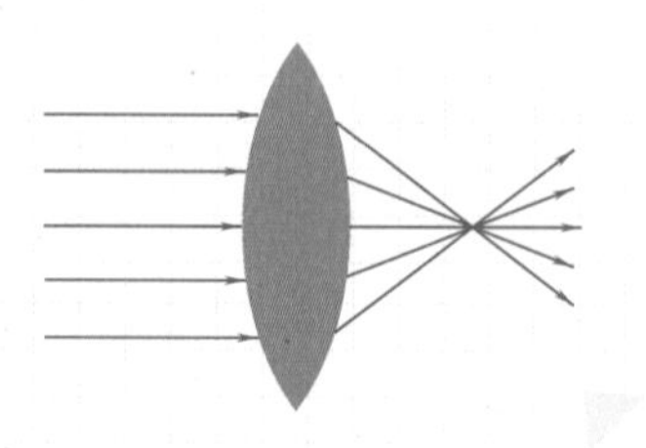

1 구멍을 뚫을 그림을 그려요.

어떤 그림을 그려서 구멍을 내 볼까?

저는 우주 괴물을 그릴래요.

2 시멘트나 모랫바닥처럼 불에 타도 안전한 곳에 그림을 놓고, 해와 그림 사이에 돋보기가 오도록 들어요.

돋보기가 클수록 강한 빛을 모을 수 있지만 더 조심해야 해요.

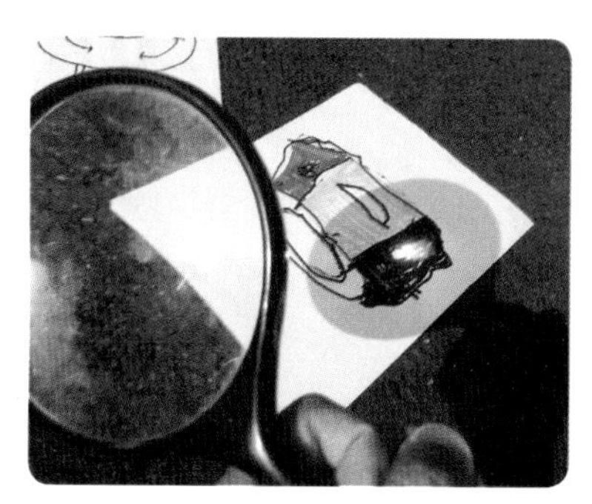

3 그림 위 구멍을 만들 자리에 맞춰서 빛이 하나의 점이 되도록 돋보기의 기울기와 위치를 움직여요.

돋보기를 조금 더 가깝게/멀게 해 볼까? 얼마나 가깝게/멀게 해야 점이 될까?

4 햇빛이 모인 점을 이용해 원하는 크기의 구멍을 만들어요.

연기가 나요! 와, 구멍이 뚫렸어요!

우와! 햇빛으로 불을 만들 수 있구나.

5 구멍이 잘 뚫렸나 확인해요.

구멍 위치를 잘 맞추면 가면으로 쓸 수도 있겠는데?

안전 유의 사항

1. 햇빛이 강한 날에는 선글라스(보호 안경)를 착용해요.
2. 모래나 물, 소화기 등을 미리 준비하고, 작은 불씨라도 반드시 꺼 주세요.
3. 꼭 어른과 함께 해야 한다는 것을 알려 주세요.

탐구 더하기

돋보기로 모은 햇빛 에너지로 또 뭘 할 수 있을까요? 마시멜로를 살짝 굽거나 녹일 수 있어요. 또는 햇빛을 모아 풍선을 터뜨릴 수도 있어요. 위험하지 않는 선에서 다양한 활동을 해 보세요.

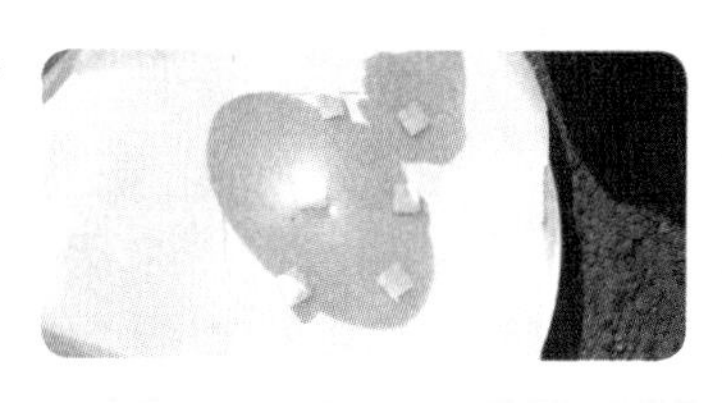

62 해가 움직이니까 그림자도 움직여요

낮에는 그림자가 짧았는데, 오후가 되니 그림자가 길어졌어요. 게다가 그림자의 위치도 바뀌었어요. 시간마다 그림자를 그려서 그림자가 어떻게 변하는지 관찰해 보세요.

놀이목표

그림자의 원리, 그림자의 위치 변화

연계 교육과정

초등4-2 ③ 그림자와 거울
초등6-1 ② 지구와 달의 운동

준비물

스케치북, 색연필, 장난감

신과람쌤의 실험노트

빛의 직진성 때문에 태양이 비추는 지구의 모든 물체에는 그림자가 생겨요. 그런데 그림자의 길이와 위치가 시간에 따라 변하는 이유는 무엇일까요? 바로 하루 동안 태양의 고도, 즉 태양의 위치가 변하기 때문이에요. 태양의 고도가 변하는 이유는 지구가 자전하기 때문이에요. 태양의 고도가 높아지면 그림자의 길이는 짧아지고, 태양의 고도가 낮아지면 그림자의 길이는 길어지죠. 어렵게 느껴지지만 그림자를 직접 관찰하다 보면 아이도 쉽게 이해할 수 있는 개념이에요. 아이가 좋아하는 장난감을 들고 나가서 시간에 따른 장난감 그림자의 길이, 위치 변화, 명암 차이 등을 관찰해 봅시다.

1 야외에 나가 그림자를 보며 몸을 움직여 봐요.

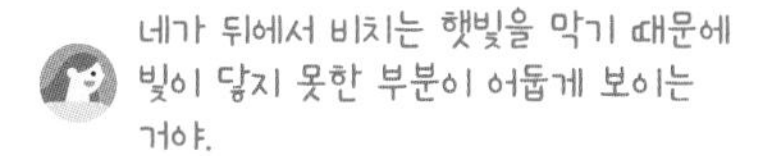

2 아침에 작은 장난감과 스케치북을 들고 나가서 주변에 장애물이 없는 곳에 놓아요. 장난감의 그림자 테두리를 따라 선을 그려요.

오후에 그림자가 길어진다는 점을 감안해서 장난감의 위치를 잡아요.

3 한 시간마다 나와서 그림자를 그리고, 그림자 옆에 시간을 적어요. 매번 색연필 색을 다르게 하면 변화를 관찰하기 좋아요.

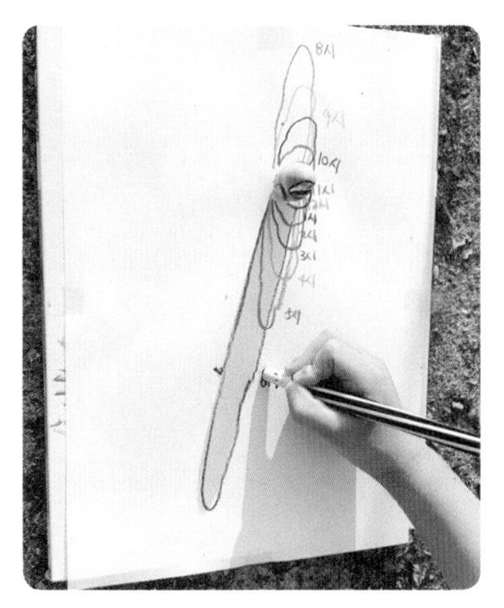

4 오후가 되면 그림자의 길이가 길어져요. 태양이 어디 있는지 찾아보고, 아침에 태양이 있었던 곳과 비교해 보세요.

그림자가 길어져서 스케치북 밖으로 넘어가면 종이를 덧대어 그려요.

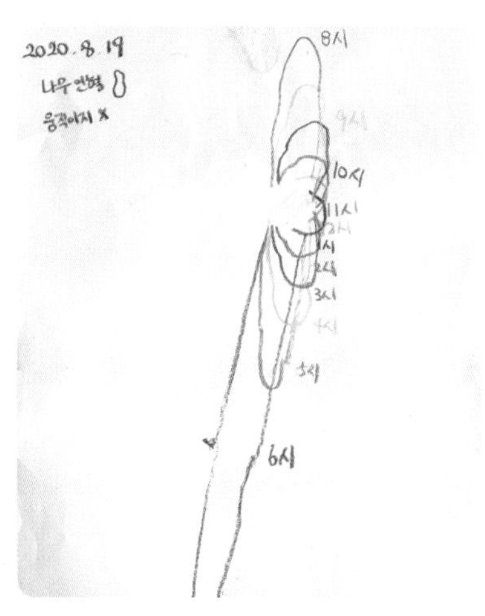

5 아침부터 저녁까지 그림자를 모두 그리면, 시간에 따른 그림자의 변화를 한눈에 볼 수 있어요. 그림자가 어떻게 변한 건지 이야기 나눠요.

실험 속 과학원리

그림자의 길이는 아침과 저녁에 길고 낮 시간에는 짧습니다. 태양의 높이가 높을 때는 물체의 위쪽에서 빛을 비추기 때문에 그림자의 길이가 짧고, 태양의 높이가 낮아지면 물체의 옆에서 빛을 비추기 때문에 그림자의 길이가 길어집니다. 실내에서 손전등(태양 역할)과 막대를 이용하여 다시 한 번 확인해 봐도 좋아요.

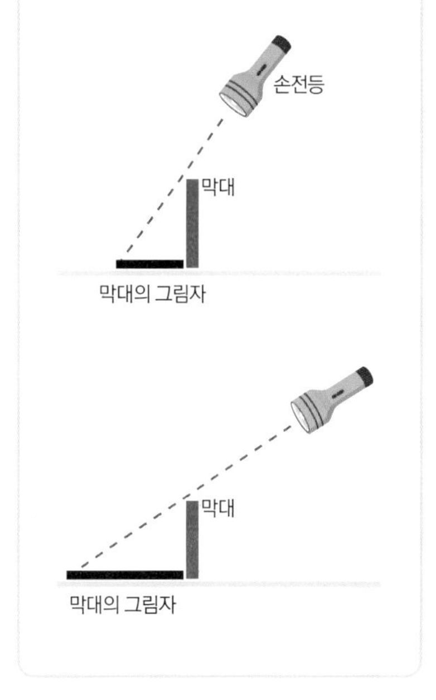

63 크기도 모양도 제각각 과일 씨 탐험

크거나 작은 씨, 길쭉하거나 동그란 씨, 하얗거나 노란 씨 등 과일의 씨는 크기와 모양이 저마다 달라요. 과일을 자르기 전에 씨가 어떤 모양일지 추측해 보고, 실제 씨의 생김새를 관찰해 보세요.

놀이목표

과일의 씨 생김새 관찰하기

연계 교육과정

초등4-2 ① 식물의 생활

준비물

여러 종류의 과일, 칼, 스케치북, 색연필

신과람쌤의 실험노트

씨에서 싹이 트고, 싹이 자라서 꽃을 피우며, 꽃이 지면 씨를 품은 열매가 열리고, 그 씨가 다시 또 번식을 하지요. 식물의 열매에 해당하는 과일을 자주 먹으면서도 그 안에 들어 있는 씨를 자세히 관찰한 적은 별로 없을 거예요. 아이가 좋아하는 과일, 혹은 잘 먹지 않는 과일 등 다양한 과일을 관찰해 보세요. 겉모습, 단면의 모습, 과육의 색, 씨의 모양과 색, 씨가 배열된 모양 등에 대해 질문하여 아이가 과일에 대해 생각하고 관찰할 수 있게 유도해 주세요. 이다음에 과일을 먹을 때는 일정한 모양으로 배열된 씨를 머릿속에 떠올릴 거예요.

1 과일의 겉모습을 비교해요.

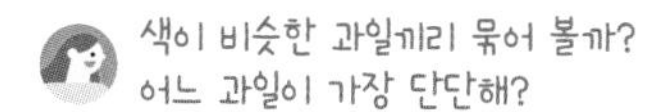

2 과일 겉모습을 관찰한 후 안에 들어 있는 씨가 어떻게 생겼을지 추측하여 그려 봐요.

3 처음 보는 과일의 씨는 상상하면서 그려 보고, 왜 그렇게 그렸는지 이야기 나눠요.

4 과일을 잘라 씨를 꺼내어 생각했던 씨의 모양과 비교해요. 씨가 어디에 위치해 있었는지도 이야기 나눠요.

5 과일을 세로와 가로로 자른 후 단면의 모양을 비교해요.

사과를 가로로 자르니까 씨가 별모양이에요.

참외는 씨가 길게 있는 줄 알았는데 가로로 자르니까 세 갈래로 나뉘어 있네.

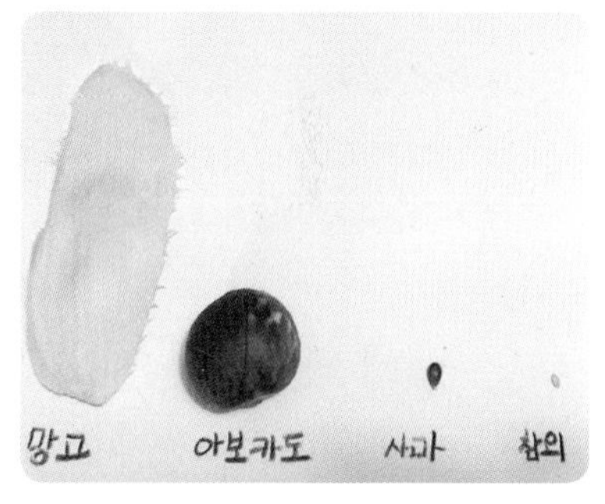

6 씨의 크기를 비교해요. 가장 큰 씨와 작은 씨를 찾아보세요.

씨의 색과 모양 등도 비교해 봐요.

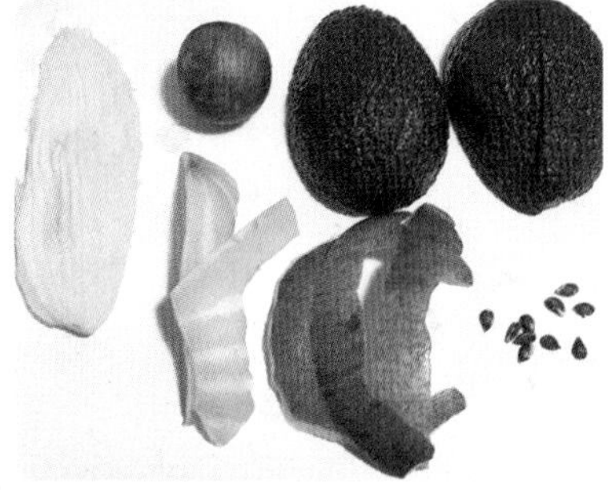

7 관찰했던 과일을 맛있게 먹은 후 남은 껍질과 씨를 모아요.

8 스케치북 위에 씨와 껍질을 배열하여 나만의 작품을 만들어요.

사과 껍질이 빨갛고 동그라니까 입으로 쓸래요.

탐구 더하기

아보카도나 딸기 등의 씨를 심어 보세요. 싹이 트고 자라는 것을 지켜보며 식물의 한살이를 놀이처럼 관찰하는 것도 과학 탐구의 시작이 될 거예요.

64 배추에 단풍이 들었나? 울긋불긋 배추 괴물

배추는 김치를 만드는 채소라고만 생각하고 지나치기 쉬워요.
배추 관찰 활동을 통해 식물의 물관에 대해 배우고, 배추 괴물도 만들면서 즐거운 시간을 보내 봐요.

놀이목표

식물 관찰하기, 식물의 물관

연계 교육과정

초등4-1 ③ 식물의 한살이

준비물

배추, 물감, 물, 컵, 비닐장갑, 돋보기, 유성펜, 가위

신과람쌤의 실험노트

식물은 물에 녹아 있는 양분을 뿌리로 흡수해서 줄기를 거쳐 잎으로 이동시키죠. 이때 물이 지나가는 통로를 '물관'이라고 해요. 얇은 물관 안에 물이 들어오면 물 분자끼리 서로 잡아당기는 힘에 의해 물이 끌려 올라가는데, 이 현상을 '모세관 현상'이라고 해요. 모세관 현상으로 인해 물감을 탄 물이 물관을 타고 올라가 배춧잎을 물들이는 실험을 해 보세요. 이 과정을 통해 물관이 흡수한 물과 영양분이 식물 전체에 퍼져 골고루 전달된다는 것을 알 수 있어요.

1 돋보기로 배춧잎의 생김새를 관찰하면서 물관을 찾아봐요.

배춧잎의 물관은 잎의 바깥 방향에 약간 단단한 관이 박혀 있는 듯한 모습이에요.

2 컵 4개에 여러 색깔의 물감물을 준비해요. 여기에 배추의 밑둥이 잠기게 넣고 하루 정도 그대로 둡니다.

3 하루가 지난 후 배춧잎의 색 변화를 관찰해요.

배춧잎 색이 알록달록 예뻐졌어요.

4 가위로 배추의 밑둥을 조심스럽게 잘라서 관찰해요.

단단한 관의 절반만 물감색으로 물들어요. 이 부분이 바로 '물관'이에요. 나머지 절반은 잎에서 만든 영양분을 뿌리로 이동시키는 '체관'이에요.

5 여러 가지 색의 배춧잎 위에 유성펜으로 다양한 표정을 그려요.

빨간색으로 물든 배추는 어떤 느낌이 들어?

화난 것 같아요!

6 배추 괴물의 표정을 따라해 봐도 재미있어요.

호호호~ 난 배추 괴물이다!

탐구 더하기

흰색 꽃의 줄기를 두 쪽으로 나눠 한쪽은 빨간 물에, 다른 한쪽은 파란 물에 담가 두면 어떻게 될까요?

답: 색소물이 물관을 따라 빨려 들어가 꽃은 한쪽은 빨간색이 되고 다른 한쪽은 파란색이 돼요.

65 화사한 봄을 비추는 투명 꽃 액자

추운 겨울이 지나고 따뜻한 봄이 오면 앙상했던 나무에 반가운 꽃망울이 피어나요.
아이와 봄꽃의 아름다움을 감상해 보고, 꽃의 생김새도 자세히 관찰해 보세요.

놀이목표

계절과 식물, 꽃의 생김새

연계 교육과정

초등4-2 ① 식물의 생활

준비물

비닐봉지, 색종이, 일회용 종이 접시, OHP 필름, 가위, 박스 테이프

신과람쌤의 실험노트

봄은 식물의 가장 극적인 변화를 관찰할 수 있는 계절이에요. 봄이 오면 아이와 집 주변을 거닐며 봄꽃을 감상해 보고, 꽃의 생김새를 관찰하는 시간도 가져 보세요. 떨어진 꽃을 모아 압화를 만들고, 이를 이용해 멋진 액자도 만들어요. 이런 과정을 통해 꽃들의 색, 모양, 꽃잎 수 등을 자세히 관찰할 수 있답니다. 봄에 꽃이 피는 나무 중에서 잎보다 꽃이 먼저 피는 나무는 무엇인지도 찾아보세요. 이런 활동을 통해 주변 자연에 호기심을 가지고 계절에 따른 변화를 관찰하고 탐구하는 능력을 키울 수 있답니다.

1 꽃이 나무에 달려 있는 모양, 꽃 색 등을 관찰해 보고, 길가에 떨어진 꽃들을 비닐봉지에 담아 와요.

2 색종이 위에 꽃을 올려놓고, 꽃잎의 수, 수술, 암술 등을 관찰해요.

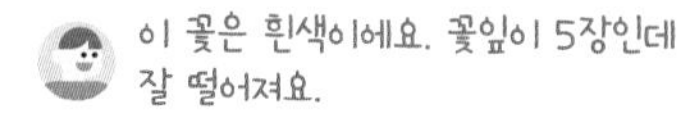

3 압화를 만들기 위해 꽃자루를 짧게 자르고 책 사이에 꽃을 가지런히 놓아요.

책에 꽃밥이 묻을 수 있으니 종이를 깔고 꽃을 놓아요.

4 책을 조심히 닫고 그 위에 책들을 올려놓아요. 일주일 정도 지난 후에 펼쳐서 꽃을 꺼내요.

5 일회용 종이 접시의 중앙을 동그랗게 잘라 내고, OHP 필름을 그보다 살짝 크게 잘라서 붙여요. 필름 위에 압화를 올리고 박스테이프로 붙이면 액자가 완성돼요.

6 투명한 꽃 액자를 들고 나가서 풍경을 감상해 보세요.

어디를 봐도 봄꽃이 흩날리는 것처럼 보여요.

탐구 더하기

꽃잎을 자세히 관찰해서 표를 작성해 보세요.

꽃 이름				
꽃잎의 색				
꽃잎의 수				
수술의 수				
암술의 수				

66 오므렸다 펴졌다 솔방울 가습기

방 안의 습도 조절을 위해 솔방울을 활용해 봐요. 솔방울은 건조하면 꽃처럼 피고, 습하면 오그라드는 성질이 있어요. 물기를 가득 머금은 솔방울이 가습기 역할을 해 준답니다.

놀이목표

소나무와 솔방울 관찰하기

연계 교육과정

초등4-2 ① 식물의 생활
초등5-2 ③ 날씨와 우리 생활

준비물

솔방울, 물, 냄비, 베이킹소다, 그릇

신과람쌤의 실험노트

소나무는 우리 주변에서 쉽게 볼 수 있어요. 아이와 계절별로 소나무를 관찰해 보세요. 더워지기 시작할 때는 암꽃과 수꽃이 한 나무에 달리기도 해요. 흔히 꽃이라고 하면 꽃잎이 있는 이미지를 떠올리는데 소나무 꽃은 그런 생김새가 아니에요. 연노란색 수꽃이 먼저 피고 암꽃은 살짝 늦게 피어요. 여름이 지날 때는 녹색인 햇 솔방울과 진한 갈색인 묵은 솔방울이 같이 달려 있어요. 소나무는 씨가 영글기까지 약 2년이 걸리며, 수정 후 녹색 솔방울이 1년 정도 지나 갈색으로 변하며 씨가 익어요. 솔방울을 가지고 놀며 소나무에 대해 호기심을 키워 봐요.

1 크고 단단하고 흠집이 많지 않은 솔방울을 여러 개 가지고 와요.

2 솔방울 하나를 물에 담가요. 30분 후 꺼내어 물에 넣지 않은 솔방울과 비교해 보세요.

솔방울은 건조하면 꽃처럼 피고, 습하면 오그라드는 성질이 있어요.

3 솔방울을 물로 깨끗하게 씻은 후 냄비에 담아요. 물과 베이킹소다를 넣고 10분 정도 끓여서 불순물을 제거해요.

끓일 때 소나무의 독특한 향이 나요.

4 솔방울을 찬물에 헹군 후 꺼내요. 물기를 잔뜩 머금어서 오그라들어 있어요.

특정 향이 나길 원한다면 솔방울을 끓인 후 천연 오일을 떨어뜨린 물에 잠시 담갔다 건져요.

5 솔방울을 그릇에 담아 예쁘게 배치해요.

가습기 효과를 보려면 30개 이상의 많은 양이 필요해요.

6 하루가 지나면 수분이 증발하여 다시 솔방울이 피기 시작해요.

놀이 더하기

솔방울을 크리스마스트리에 걸어 보세요. 크리스마스트리가 더욱 빛날 거예요. 솔방울에 빨간색과 초록색 리본을 묶어서 크리스마스 장식품을 만들어도 좋아요.

67 여름의 초록을 담은 나뭇잎 접시

초록이 무성한 여름이면 나무마다 자기만의 잎을 뽐내지요. 여러 나뭇잎의 모양을 관찰한 후 기준을 정해서 분류해 보세요. 그리고 나뭇잎으로 예쁜 접시도 만들어 봐요.

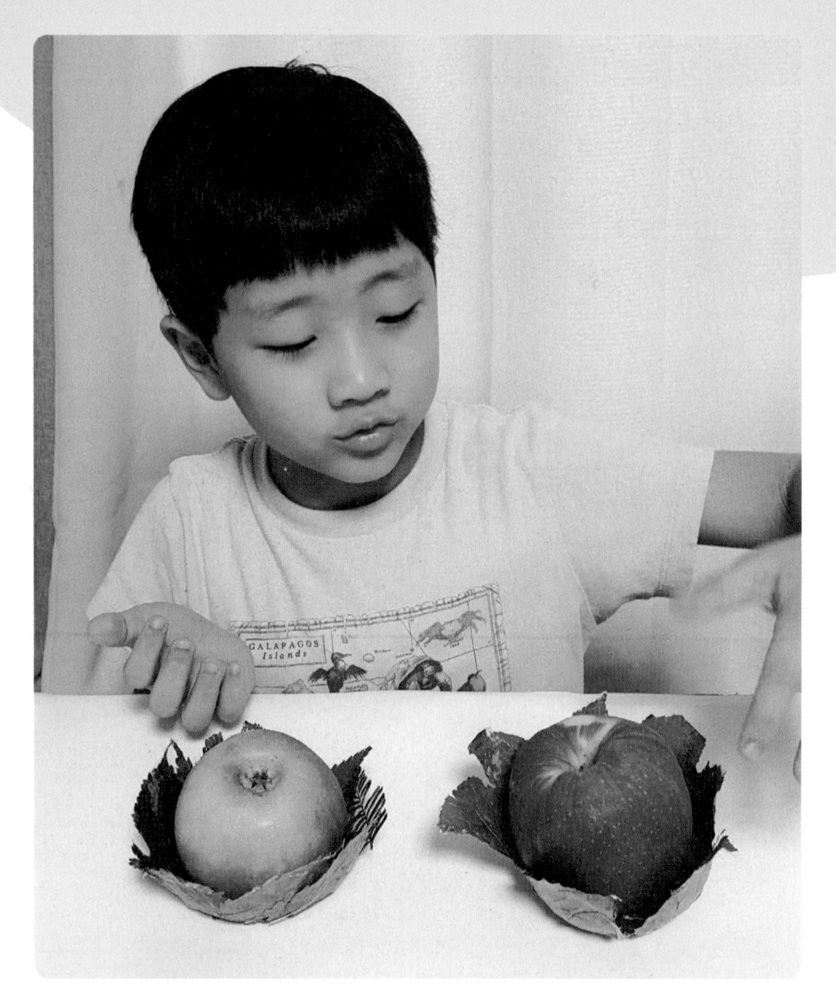

놀이목표

식물의 생김새, 기준에 따른 분류

연계 교육과정

초등4-2 ① 식물의 생활

준비물

여러 종류의 나뭇잎, 스케치북, 그릇, 랩, 공예용 풀, 붓

신과람쌤의 실험노트

여름에는 나무에 꽃보다 잎이 무성하지요. 나무마다 꽃이 다르게 생겼듯이 잎도 모두 다르게 생겼어요. 길게 생긴 잎, 타원처럼 생긴 잎, 하트 모양의 잎, 주걱처럼 생긴 잎 등 모양이 가지각색이지요. 또 가지에 잎이 하나만 달려 있기도 하고, 세 개가 짝이 되어 달려 있기도 하고, 여러 개가 일렬로 달려 있기도 해요. 아이와 밖에 나가서 잎의 모양과 가지에 잎이 달려 있는 모습 등을 관찰해 보세요. 다양한 모양의 잎을 채집해 와서 아이가 세운 기준으로 분류도 해 보고요. 주변의 것들을 세심하게 관찰하고 분류하는 역량이 커질 거예요. 그런 다음 잎으로 나뭇잎 접시를 만드는 창의적인 활동까지 연결해 보세요.

Step 1 나뭇잎 모양 관찰하기

1 다양한 모양의 잎을 여러 개 채집해요.
💡 집에 오는 시간이 걸린다면 책 사이에 잎을 끼워서 와요.

2 채집한 잎들의 생김새를 관찰한 후, 비슷한 모양의 나뭇잎끼리 분류해요.

3 잎의 개수를 세어 봐요. 잎이 여러 개인 경우에는 잎이 나란히 있는지, 어긋나 있는지에 따라서도 분류해 봐요.

Step 2 나뭇잎 그릇 만들기

4 마음에 드는 잎을 두꺼운 책에 끼워서 일주일 정도 말려요.

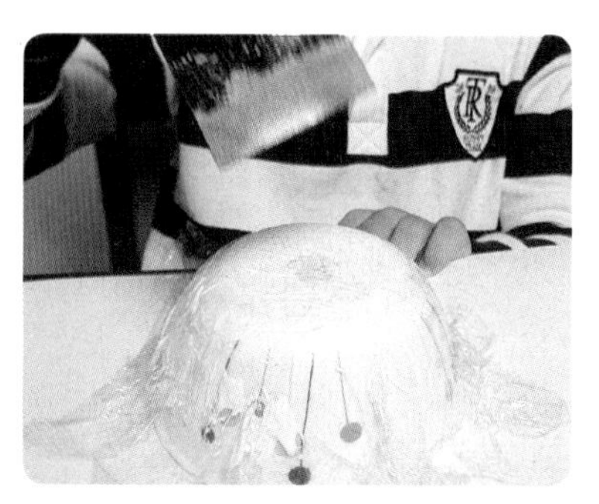

5 그릇을 뒤집어 랩으로 덮은 후, 그 위에 공예용 풀을 붓으로 칠해요.

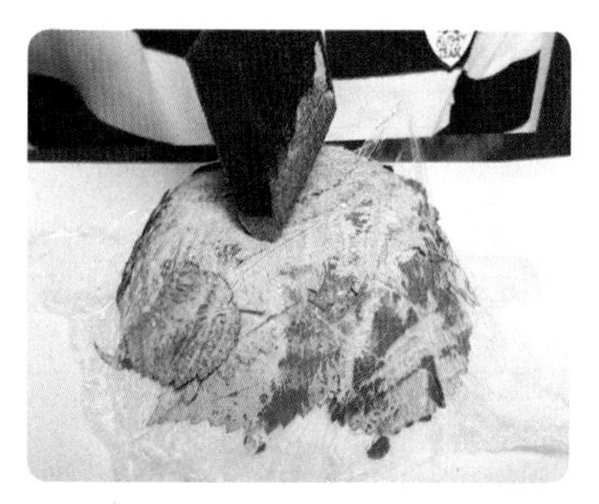

6 말려 두었던 잎을 꺼내어 랩 위에 붙여요. 잎 위에도 공예용 풀을 붓으로 칠해요. 4~5일 정도 그늘에서 말려요.

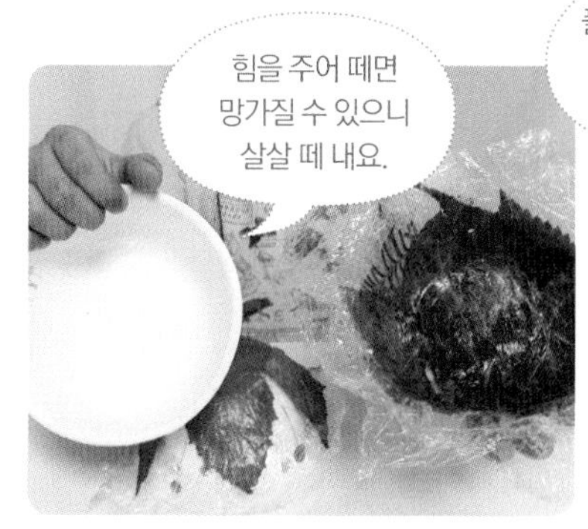

7 풀이 완전히 마르면 그릇에서 떼 주세요.

8 잎 안쪽에 있는 랩도 벗겨 내면 나뭇잎 그릇 완성! 음식을 담아 소꿉놀이를 해 보세요.

68 알록달록 나뭇잎을 활용한 단풍잎 아트

우리나라의 가을 단풍은 세계인들이 그 아름다움을 인정했다고 해요.
다양한 색의 옷으로 갈아입은 잎들을 관찰하며 멋진 작품을 만들어 보세요.

놀이목표

나뭇잎 색 관찰, 색에 따라 분류하기

연계 교육과정

초등4-2 ① 식물의 생활

준비물

여러 색의 나뭇잎, 큰 종이, 풀, 색칠 도구

신과람쌤의 실험노트

단풍의 아름다움을 감상하다 보면 아이들은 나뭇잎에 대한 관심이 커집니다. 가을이 되면 나뭇잎 색이 변하는 이유는 무엇일까요? 겨울을 앞두고 나무가 자신을 보호하기 위해 월동준비를 하기 때문이에요. 나무는 가을이 되면 수분과 영양분이 빠져나가지 않도록 나뭇잎을 떨어뜨릴 준비를 합니다. 이 과정에서 해가 짧아지고 기온이 낮아지면 초록색을 띠던 엽록소가 파괴되기 시작하고, 엽록소 때문에 보이지 않던 붉은 색소, 주황색 색소, 노란색 색소 등이 나타나면서 잎의 색깔이 녹색에서 다양한 색으로 변하는 거예요. 이것을 우리는 단풍이라고 불러요.

Step 1 무지개 색깔의 나뭇잎 찾기

1 야외에 나가 여러 색의 나뭇잎을 찾아 봐요. 최대한 다양한 색을 찾아요.

아이가 색을 잘 모르는 경우에는 색종이를 가지고 나가서 같은 색을 찾아요.

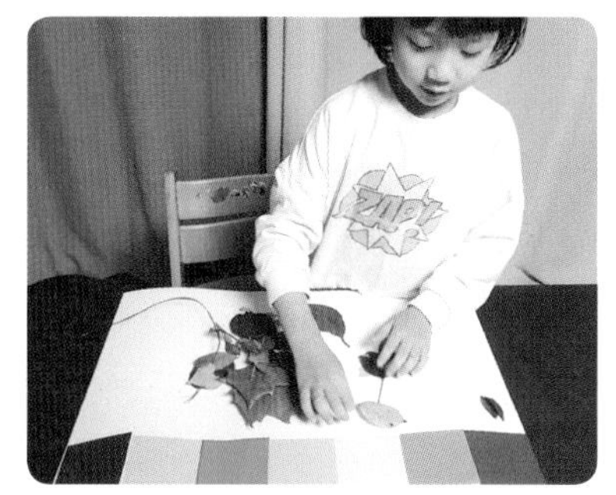

2 색종이를 무지개처럼 배열하여 큰 종이의 윗부분에 붙여요. 수집한 단풍잎을 종이 아랫부분에 놓아요.

단풍 색이 나뭇잎마다 다른 건 나뭇잎 안에 들어 있는 색소의 종류가 달라서야.

3 각 색종이와 비슷한 색을 가진 나뭇잎을 해당 색종이 아래에 놓아요.

나뭇잎에 안토시아닌이 많으면 빨간색, 카로티노이드가 많으면 주황색, 크산토필이 많으면 노란색 단풍이 들어요.

Step 2 나뭇잎 작품 만들기

4 색과 모양이 다양한 나뭇잎의 특징을 이용해서 원하는 모양을 만들어요.

이건 꽃이고, 이건 나비, 이건 강아지예요.

5 배치한 나뭇잎 위에 펜이나 스티커를 이용해 얼굴 등을 표현해요.

아이가 만드는 창의적인 작품을 칭찬해 주세요.

6 여러 종이에 다양한 작품을 만들고 벽에 걸어 전시해요.

놀이 더하기

단풍잎 위에 거즈 손수건을 덮고 망치나 단단한 물체로 살살 두드려 주세요. 단풍의 색소가 묻어 나서 멋진 나뭇잎 손수건을 만들 수 있어요.

69 나타났다 사라졌다 내 손으로 만드는 구름

어떤 날에는 구름 한 점 없이 맑고, 어떤 날에는 구름이 너무 많아 비가 내려요.
구름은 어디에서 생겨서 우리에게 오는 걸까요? 하늘을 관찰하며 구름의 변화를 알아봐요.

놀이목표

구름의 형태 변화, 구름이 생기는 과정

연계 교육과정

초등4-2 ② 물의 상태 변화
초등5-2 ③ 날씨와 우리 생활

준비물

핸드폰, 페트병(500ml), 따뜻한 물, 나무젓가락, 라이터

신과람쌤의 실험노트

구름을 만지면 솜사탕같이 폭신폭신한 느낌일까요? 사실 구름은 안개와 같답니다. 눈에 보이지 않는 수증기(기체)가 온도가 낮아지면 눈에 보이는 물방울(액체)로 변해요. 이 물방울이 지상과 가까운 곳에 생기면 안개이고, 하늘 높은 곳에 생기면 구름이에요. 안개가 생겼다가 없어지는 것처럼 구름도 마찬가지예요. 땅에서 하늘 위로 올라갈수록 기압이 낮아져요. 그래서 공기가 하늘로 올라가면 기압이 낮아져 공기가 커지게 되고(팽창), 그러면 온도가 낮아져요. 그때 수증기가 물방울로 바뀌는데, 그것이 바로 구름이랍니다. 반대로 공기가 땅으로 내려오면 기압이 커져서 공기가 작아지고(압축), 그러면 온도가 높아져요. 그때 물방울이 증발해 수증기로 변해 우리 눈에 안 보이게 되는 거랍니다.

Step 1 구름의 모습 관찰하기

1 아이들이 좋아하는 〈구름빵〉 책을 읽으며 구름에 대한 관심을 유도해요.

2 야외에 나가 구름 하나를 선택한 후 그 구름의 사진을 1분 단위로 찍어요. 삼각대를 세워 놓고 동영상을 찍어도 좋아요.

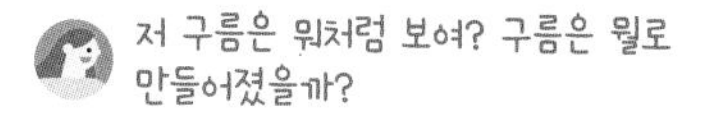

저 구름은 뭐처럼 보여? 구름은 뭘로 만들어졌을까?

3 사진을 여러 장 찍은 후 순서대로 넘기면서 구름의 변화에 대해 얘기 나눠요.

저 구름은 옆으로 움직이기만 할까? 아니면 커지는 중일까?

Step 2 내가 만드는 구름

4 페트병에 따뜻한 물을 바닥에 깔릴 만큼(50ml 정도) 넣어요.

직접 구름을 만들어 보자. 따뜻한 물에서 수증기가 나올 거야.

5 나무젓가락에 불을 붙인 후 꺼서 연기가 나게 해요. 젓가락을 페트병에 넣어서 연기를 아주 조금만 넣어요.

물방울이 뭉쳐지려면 먼지 같은 것이 필요해서 연기를 넣어준 거예요.

6 젓가락을 빼고 뚜껑을 닫아요. 페트병 중간 부분을 양손으로 눌렀다 폈다를 반복하면서 페트병 속을 관찰해요.

페트병을 누르면 속이 맑아졌다가, 손을 놓으면 뿌옇게 되면서 구름이 생깁니다.

실험 속 과학원리

페트병을 누르면 페트병 속의 공기 입자들이 압축되어 서로 부딪히는 횟수가 늘어나요. 그러면 온도가 올라가면서 물방울이 수증기로 변해서 눈에 보이지 않게 돼요. 그래서 페트병 속이 맑아지는 것이지요. 반대로 손을 놓으면 페트병 속 공간이 넓어지면서 공기 입자들끼리 부딪히는 횟수가 줄어들어 온도가 낮아져요. 그러면 수증기가 물방울로 변해서 뿌옇게 보이는 거랍니다.

70 특이한 돌을 찾아 꾸며요 돌멩이 예술가

돌이 많은 계곡이나 해변에 놀러 가면 돌멩이의 생김새가 무척 다양한 것을 알 수 있어요.
돌멩이의 모양을 관찰하며 분류해 보고, 특이한 모양의 돌멩이를 찾아서 멋진 작품도 만들어 보세요.

놀이목표

암석의 모양, 기준에 맞춰 분류하기

연계 교육과정

초등4-1 ② 지층과 화석
초등4-2 ④ 화산과 지진

준비물

돌멩이, 색종이, 가위, 양면테이프

신과람쌤의 실험노트

주변에서 흔히 볼 수 있는 돌멩이를 암석이라고 해요. 암석은 색과 모양이 다른 광물들이 하나 이상 섞여 있어요. 또 오랜 시간 물과 바람에 깎이면서 모양도 제각각이에요. 아이가 직접 돌멩이를 모으고, 수집한 돌멩이의 공통점과 차이점을 탐색하며, 모양·크기·색깔 등의 기준에 따라 분류하는 활동을 해 보세요. 더 나아가 돌멩이의 모양을 살린 작품도 만들어 보세요. 어른들은 생각지도 못하는 아이들의 창의적인 시각에 깜짝 놀랄지도 몰라요.

Step 1 돌멩이 수집하기

1 다양한 모양과 색의 돌멩이를 수집하면서 느낌을 이야기 나눠요.

이 돌은 고양이 같아요.

이 돌은 하트 모양 같아.

유리 조각이 있을 수도 있으니 조심하도록 일러 주세요.

2 돌멩이를 깨끗하게 씻어서 수건 위에 놓고 물기를 제거해요.

아이가 직접 씻으며 질감과 색 변화를 느껴 보도록 해요.

3 점의 색깔, 줄무늬 등 돌멩이의 겉모습을 관찰해요.

돋보기나 핸드폰 줌 기능을 이용하면 자세히 볼 수 있어요.

Step 2 돌멩이 분류하고 꾸미기

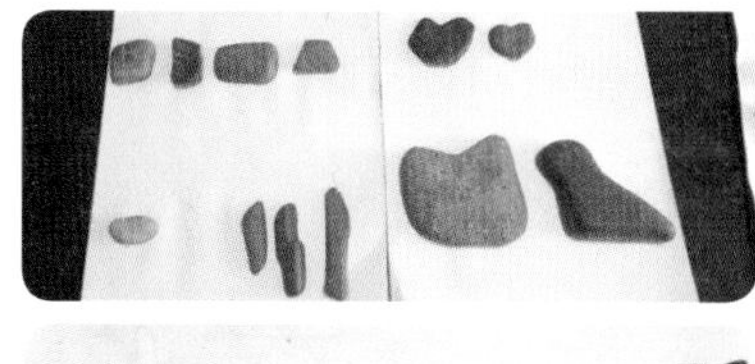

4 아이 나름대로의 기준을 세우게 한 후 돌멩이를 기준에 맞춰 분류하도록 해요.

모양(네모, 동그라미, 길쭉이), 색(밝은 색, 어두운 색) 등의 기준을 세워 봐요.

5 특이한 모양의 돌멩이를 이용해 작품을 만들어요.

하트 모양 돌멩이를 고양이 머리핀으로 쓸래요.

6 세 개의 돌멩이가 아이만의 특별한 작품으로 변했어요.

돌멩이에 매직으로 그려도 되지만, 색종이를 이용하면 수정하기 쉬워요.

놀이 더하기

큰 돌이 있다면 야외에서 비석치기를 해 보세요. 큰 돌을 세워 놓고 조금 떨어진 곳에서 자신이 가진 돌을 던져서 세워 놓은 큰 돌을 넘어뜨리는 놀이예요. 대근육 운동은 물론 거리 감각과 집중력도 키울 수 있어요.

71 돌멩이를 차곡차곡 10층 돌탑 쌓기

집에서 쌓기 나무나 블록으로 높이 쌓아 올리는 놀이는 많이 해 봤을 거예요.
야외에서 돌멩이로도 쌓기 놀이를 해 보세요. 울퉁불퉁 제멋대로 생긴 돌멩이로 10층까지 쌓을 수 있을까요?

놀이목표

무게 중심, 균형

연계 교육과정

초등4-1 ④ 물체의 무게
초등4-1 ② 지층과 화석

준비물

주변에 있는 돌멩이들

신과람쌤의 실험노트

"바윗돌 깨뜨려 돌덩이, 돌덩이 깨뜨려 돌멩이~"라는 노랫말처럼 우리 주변 돌멩이는 돌덩이나 바윗돌이 깨져서 만들어진 거예요. 그래서 네모반듯한 쌓기 나무나 블록과는 다르게 생김새가 울퉁불퉁하고 삐뚤빼뚤해요. 그러다 보니 탑을 쌓기도 어려워요. 그런데도 산에 가면 돌탑이 쌓여 있는 것을 흔히 볼 수 있어요. 이런 돌탑들의 특징은 위쪽보다 아래쪽 돌멩이가 크고 납작하다는 거죠. 많이 쌓다 보면 '무게 중심'이 아래쪽이어야 한다는 걸 자연스럽게 알게 되거든요. 주변에 쌓여 있는 돌탑을 보고 비슷하게 만들다 보면 금세 10층까지 쌓을 수 있어요.

1 야외로 나가 10층짜리 돌탑 쌓기에 도전해 봐요. 재료는 주변에 있는 돌멩이 아무거나 사용하면 돼요.

시간 제한보다 개수 제한을 두는 게 더 좋아요.

2 돌탑을 쌓으면서 가져온 돌멩이의 생김새를 비교해요.

형 돌은 납작하고, 동생 돌은 둥글둥글하네?

3 돌멩이의 생김새에 따라 안정적으로 쌓을 수 있는 방법을 탐색해요.

어느 면을 아래로 해야 할까?
어느 방향으로 올려놔야 할까?

4 계속 무너져서 힘들어하면 목표를 낮춰요.

쓰러지고 쌓기를 반복하면서 아이들은 점점 직관적으로 균형점을 찾게 돼요.

5 결국 6층 완성! 다음에는 더 높이 쌓아 봐요.

놀이 더하기

10층 돌탑 쌓기에 성공했다면 '세상에 없는 멋진 돌탑'에 도전해 보세요. 어두운 돌과 밝은 돌을 번갈아 쌓아 줄무늬 돌탑도 만들어 보고, 가족끼리 힘을 모아 여러 개의 탑을 합친 거대 돌탑도 쌓아 보세요.

72 마법의 가루를 넣으면 토마토와 포도가 동동

포도알과 방울토마토를 씻으려고 물에 담그면 떠오르지 않고 모두 가라앉아요.
그런데 여기에 마법의 가루를 넣으면 포도와 토마토가 동동 떠올라요! 도대체 어떤 가루일까요?

놀이목표
물에 뜨고 가라앉는 원리, 밀도의 차이

연계 교육과정
초등5-1 ④ 용해와 용액

준비물
방울토마토, 청포도, 유리컵, 소금

신과람쌤의 실험노트

과일이 물에 뜨는지 가라앉는지를 보면서 '밀도'에 대해 배울 수 있는 놀이예요. 물에 방울토마토나 포도알을 넣으면 가라앉아요. 그것은 물보다 토마토나 포도의 밀도가 높기 때문이에요. 그런데 부엌에서 흔히 사용하는 이 가루를 물에 넣어 녹이면 토마토와 포도가 둥둥 떠올라요. 그 마법의 가루는 바로 소금이에요! 소금물에서는 과일이 뜨는 이유가 뭘까요? 소금물은 물보다 밀도가 높기 때문이에요. 즉, 토마토와 포도는 소금물보다 밀도가 낮기 때문에 떠오르는 거예요. 짠 바닷물에서 우리 몸이 잘 떠오르는 것도 바로 이 밀도 때문이에요.

1 방울토마토와 청포도를 준비해요.

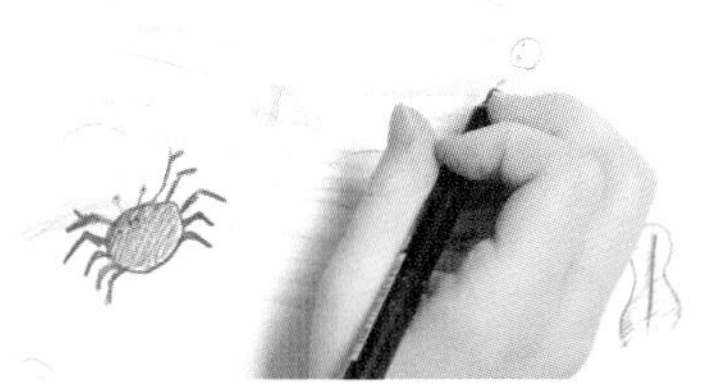

2 도화지에 바닷속 배경을 그리고, 방울토마토와 청포도를 물고기라고 생각해요.

3 바다 그림 앞에 물컵 2개를 놓고, 토마토와 청포도를 넣어요.

초록 물고기, 빨간 물고기를 물에 넣으면 어떻게 될까?

어? 모두 가라앉았어요.

4 왼쪽 물컵에서 과일을 빼고 소금을 넣어서 녹여요.

소금을 빨리 녹이려면 어떻게 하면 좋을까?

물 한 컵에 소금을 세 숟가락 정도 넣어야 과일이 모두 떠올라요.

5 소금이 다 녹아 투명해지면 다시 토마토와 청포도를 넣어요.

소금물에 과일을 넣으면 어떻게 될까?

우와, 과일이 떠올라요!

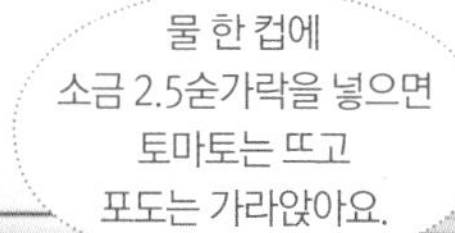

6 소금물을 조금 버리고 맹물을 넣은 다음, 변화를 관찰해요.

왜 청포도는 가라앉고 토마토만 떠오를까?

토마토는 소금물보다 밀도가 낮고, 청포도는 소금물보다 밀도가 높기 때문이에요.

실험 속 과학원리

밀도란 '일정한 부피에 해당하는 질량'을 말해요. 물 한 컵과 꿀 한 컵은 부피가 같아요. 그런데 들어 보면 꿀이 물보다 무거워요. 꿀이 물보다 밀도가 높기 때문이에요. 그래서 물에 꿀을 넣으면 가라앉아요. 수영장에서 수영할 때보다 바다에서 수영할 때 몸이 더 잘 떠오르지요? 그 이유는 수영장물은 맹물이고 바닷물은 밀도가 높은 소금물이기 때문이에요. 밀도가 높은 바닷물이 우리 몸을 뜨게 해 주니까 헤엄치기 훨씬 편한 거예요.

73 안 깨지고 통통 계란 탱탱볼 만들기

삶지 않은 계란을 바닥에 떨어뜨리면 바사삭 하고 깨져 버리죠?
하지만 계란을 식초에 담가 놓으면 탱탱볼처럼 바닥에서 통통 튀는 계란을 만들 수 있어요.

놀이목표
식초 속 계란 껍질의 변화, 산의 성질

연계 교육과정
초등3-1 ② 물질의 성질
초등5-2 ⑤ 산과 염기

준비물
계란, 식초, 콜라, 유성 매직, 컵, 비닐 장갑, 쟁반

신과람쌤의 실험노트

식초에 계란을 넣으면 어떻게 될까요? 식초에 들어 있는 아세트산이 계란 껍질의 탄산 칼슘과 반응하여 이산화탄소가 발생해요. 그래서 거품처럼 보이는 기포가 생겨요. 아세트산은 계란 껍질 아래에 있는 얇은 단백질 막을 응고시켜 단단하게 만들어요. 그래서 계란이 탱탱볼처럼 질기고 통통 튀는 상태가 된답니다. 계란을 콜라에 넣으면 어떨까요? 콜라에도 탄산이 들어 있어 기포가 생기지만 아주 조금 들어 있기 때문에 껍질을 다 녹이지는 못해요. 실험을 하면서 콜라를 많이 먹으면 우리의 치아도 콜라에 담겨 있던 계란처럼 색깔이 변하고 약해진다는 것을 알려주세요.

Step 1 식초와 콜라에 계란 넣기

1 날계란 2개를 준비하고, 달걀 껍질에 유성 매직으로 그림을 그려요.

수성 크레파스나 매직은 식초에 금방 녹아 버리니 유성 매직을 사용해요.

2 계란을 컵 두 개에 각각 넣은 다음 한 컵에는 식초를, 다른 컵에는 콜라를 부어요.

계란에 어떤 일이 생겼어?

물방울 같은 게 생겼어요!

식초와 콜라의 아세트산이 계란 껍질의 탄산칼슘을 만나서 기포가 생겨요.

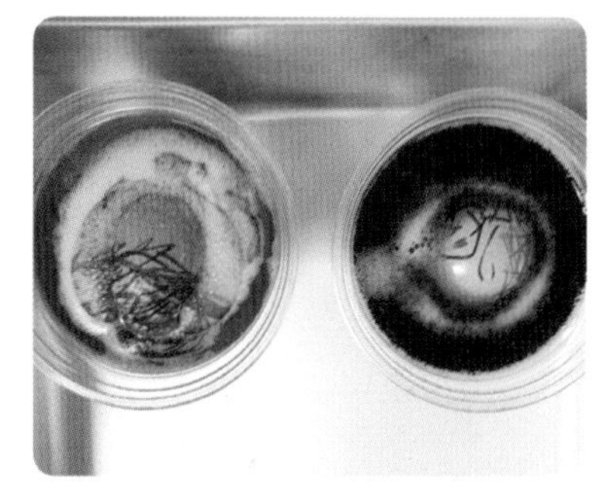

3 2~4시간 뒤 관찰하면서 두 계란의 상태를 비교해 보세요.

어느 쪽에 기포가 더 많이 생겼어?

식초 속 계란에 하얀 기포가 더 많이 생겼어요. 그리고 그림이 떠다녀요.

Step 2 계란 탱탱볼 찾기

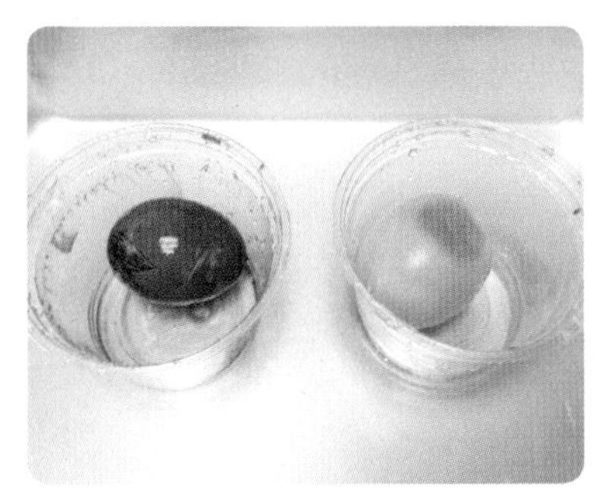

4 하루 뒤 흐르는 물에 계란을 씻은 후 관찰해요.

콜라에 들어 있던 계란은 그림이 남아 있어요. 계란 껍질 색이 갈색으로 변했어요.

식초에 들어 있던 계란은 껍질이 모두 사라져 버렸어요.

5 콜라에 들어 있던 계란의 껍질을 까서 관찰해요.

그냥 날계란이에요.

6 식초에 들어 있던 계란을 살살 눌러 보고 굴려 보고 튕겨 보세요. 그리고 마지막으로 세게 던져 보세요.

우와, 계란이 탱탱볼 같아요.

계란을 싸고 있는 막은 질겨졌지만 삶은 것이 아니므로 속은 여전히 날계란 상태예요. 그래서 계란을 세게 던지면 터져요.

탐구 더하기

'비교하면서 관찰하기'는 과학 실험에서 중요한 부분이에요. 식초와 콜라에서 계란이 어떻게 반응하는지 관찰하면서 다른 점 또는 공통점을 찾도록 유도해 주세요.

74 초콜릿 시멘트로 쌓아요 과자집 건축가

벽돌을 차곡차곡 쌓고 시멘트를 발라서 집을 짓는 모습을 본 적 있나요?
벽돌 대신 과자로, 시멘트 대신 초콜릿으로 과자집을 만들어 봐요.

놀이목표

물질의 상태 변화, 고체와 액체

연계 교육과정

초등3-2 ④ 물질의 상태

준비물

초콜릿, 다양한 모양의 과자(정사각형, 직사각형, 원형 등), 초코볼, 스케치북, 냄비, 쟁반, 지퍼백, 고무줄

신과람쌤의 실험노트

과자집 만들기는 아이들이 정말 좋아하는 활동이에요. '과자집 만들기' 키트를 구입할 수도 있지만, 먹다 남은 과자와 초콜릿 몇 개만 있으면 과자집을 쉽게 만들 수 있어요. 시멘트가 벽돌과 벽돌을 잘 붙게 해 주는 것처럼, 녹은 초콜릿이 과자들이 잘 붙도록 해 줘요. 초콜릿을 손에 들고 있으면 금세 녹아서 손이 엉망이 된 적이 있지요? 초콜릿에는 카카오 열매에서 나온 지방질인 카카오버터가 들어 있는데, 이 카카오버터가 사람의 체온 정도의 온도에서 녹기 때문이에요. 이렇게 고체가 액체 상태로 바뀌는 온도를 '녹는점'이라고 해요. 초콜릿을 녹이면서 물질의 녹는점에 대해 얘기해 보고 멋진 과자집도 만들어 보세요.

1 스케치북에 내가 만들 과자집의 모양을 그려요.

펭수네 집을 만들어 줄래요. 초코볼로 조약돌 정원을 만들 거예요.

2 과자를 모양별로 분류해요.

비슷한 모양끼리 분류해 줄래?

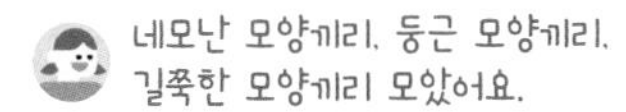

네모난 모양끼리, 둥근 모양끼리, 길쭉한 모양끼리 모았어요.

3 초콜릿을 지퍼백에 넣고 작게 조각 내요.

과자를 붙이려면 초콜릿을 녹여야 해. 잘 녹도록 잘게 부숴 줄래?

4 물을 끓기 전까지만 데워서 3의 지퍼백을 넣어 두면 초콜릿이 금세 녹아요.

고체였던 초콜릿이 어떻게 됐어?

녹아서 액체가 됐어요.

너무 뜨겁게 가열하면 위험하니 초콜릿이 녹을 정도만 데워요.

5 지퍼백 입구를 고무줄로 묶고, 한쪽 구석에 작은 구멍을 내요. 쟁반에 과자를 쌓고 사이사이에 초콜릿을 짜 주세요.

꽉 누르니까 초콜릿이 케첩처럼 나와요!

초콜릿이 다시 고체로 굳으면서 과자들이 서로 달라붙게 해 줄 거야.

6 과자집이 완성되면 냉장고에 5~10분 정도 넣어 둬요. 초콜릿이 다시 굳으면서 단단한 과자집이 됩니다.

실험 속 과학원리

녹는점은 물질마다 달라요. 얼음은 0도에서 녹고, 초콜릿은 사람의 체온 정도에서 녹고, 양초는 65도 정도에서 녹아요. 버터의 녹는점도 초콜릿과 비슷해요. 버터는 냉장고에 있으면 단단한 고체 상태이지만, 프라이팬에 올려놓고 가열하면 금세 액체가 되지요. 요리가 끝난 뒤 식은 프라이팬을 보면 뜨거웠을 때 녹았던 버터가 다시 굳어서 고체가 되어 있답니다.

75 젤리의 변신은 무죄 젤리로 젤리 만들기

젤리는 말랑말랑하고 쫄깃쫄깃한 느낌이 아주 재미있지요. 여러 젤리를 녹인 후 다시 굳히면 새로운 젤리로 변신시킬 수 있어요. 나만의 젤리를 만들어 볼까요?

놀이목표
물질의 상태

연계 교육과정
초등3-1 ② 물질의 성질

준비물
젤리, 물, 실리콘 몰드, 기름, 과일, 강판, 체, 옥수수 전분, 냄비

신과람쌤의 실험노트

말랑말랑한 젤리의 재료는 젤라틴이에요. 젤라틴은 소나 돼지의 피부나 연골, 힘줄 등에서 얻은 단백질이에요. 젤라틴은 따뜻해지면 녹아서 부드러운 액체 상태가 되고, 온도가 낮아지면 다시 탱글탱글한 고체가 됩니다. 생선이나 고기, 동물의 뼈를 끓인 육수를 낮은 온도에 두면 국물이 마치 도토리묵처럼 엉기는 것을 볼 수 있어요. 이것을 가열하면 다시 액체인 고깃국으로 변하지요. 이것도 모두 젤라틴의 성질 때문이에요. 젤리에 쓰이는 단백질의 구조를 살펴보면, 높은 온도에서는 끊어져 있던 결합이 낮은 온도에서는 물을 가두는 입체적인 구조를 가져요. 볼풀장에 있는 공들이 복잡한 그물에 촘촘히 갇혀 있다고 상상하면 돼요. 젤리를 직접 녹이고 굳히면서 젤라틴의 성질을 관찰해 봐요.

Step 1 젤리로 젤리 만들기

1 종이컵에 젤리를 담고 젤리가 잠길 정도로 물을 넣은 후 전자레인지에 20~30초 돌려요.

물을 추가하지 않고 가열하면 너무 찐득하게 변해요.

2 실리콘 몰드에 기름칠을 약간 한 뒤, 묽어진 젤리를 몰드에 부어요.

종이컵 입구를 접어서 뾰족하게 하면 몰드에 넣기 쉬워요.

3 냉동실에 1시간 정도 넣어 두었다 꺼내면 나만의 젤리가 완성돼요.

평소 먹던 젤리보다 묽어져서 꼭 푸딩 같아요!

Step 2 과일묵 만들기

4 과일을 강판에 간 뒤 체에 걸러서 즙만 남겨요.

젤리처럼 말랑말랑한 묵을 만들어 보자.

사과, 딸기, 귤 등 집에 있는 과일을 이용하면 됩니다.

5 과일즙을 중간불로 끓이다가 옥수수 전분을 푼 물을 조금씩 부으며 끓여요. 저으면서 걸쭉한 느낌이 날 때까지 끓여요.

옥수수 전분이 수분을 촘촘한 그물에 가두는 역할을 해요.

6 몰드에 부었다가 30분~1시간 뒤에 꺼내면 말랑말랑한 과일묵 완성!

젤리와 비교하면 어때?

젤리는 투명하고 탱글탱글한데, 과일묵은 도토리묵처럼 부서져요.

실험 속 과학원리

젤리처럼 말랑말랑한 도토리묵에도 젤라틴이 들어가 있을까요? 아니에요. 도토리묵은 도토리를 갈아서 만든 전분가루를 물과 섞어서 가열하여 만든 거예요. 도토리뿐만 아니라 옥수수, 감자, 고구마, 녹두 등 전분가루로 활용되는 것들은 물에 섞어 가열하면 걸쭉한 액체가 되고 이것을 식히면 말랑한 고체의 묵이 되지요.

76 설탕의 맛있는 변신 추억의 달고나 만들기

엄마도 아빠도 좋아하는 간식 달고나! 설탕을 녹이고 베이킹소다를 넣어
달달한 달고나를 만들면서 설탕의 화학적 변화를 체험해 보세요.

놀이목표
열에 의한 설탕의 상태 변화

연계 교육과정
초등3-1 ② 물질의 성질

준비물
달고나 세트, 설탕, 베이킹파우더,
나무젓가락, 휴대용 가스레인지

신과람쌤의 실험노트

달고나 만들기는 맛있는 간식을 제공해줄 뿐만 아니라, 설탕의 화학 변화를 관찰할 수 있는 훌륭한 과학 실험이에요. 달고나의 주재료인 설탕은 상온에서 고체 상태예요. 설탕을 국자에 넣어서 천천히 가열하면 녹아서 액체가 되지요. 혹시 소금도 이와 같이 가열하면 녹을까요? 그렇지 않아요. 소금은 불에 가열하면 탁탁 튀어 오르기만 하고 녹지는 않아요. 설탕은 녹는 온도가 180도 정도로 비교적 낮지만 소금은 녹는 온도가 무려 800도로 높기 때문이에요. 얼음을 손에 잡고 있으면 금세 녹지요? 얼음은 녹는 온도가 0도예요. 그래서 얼음은 상온에서 고체로 존재하지 못하고 액체 상태인 물이 되는 거예요.

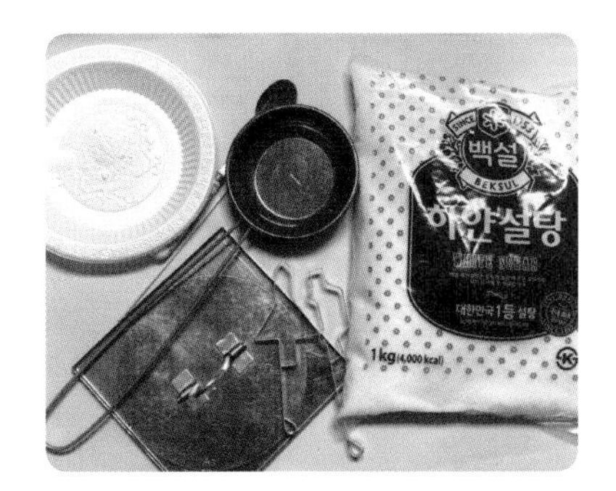

1 달고나 만들 준비물을 모아요. 달고나 세트가 없으면 국자와 스텐 쟁반을 준비해요.

휴대용 가스레인지를 쓰기 위해 바닥에 신문지나 큰 종이를 깔아요.

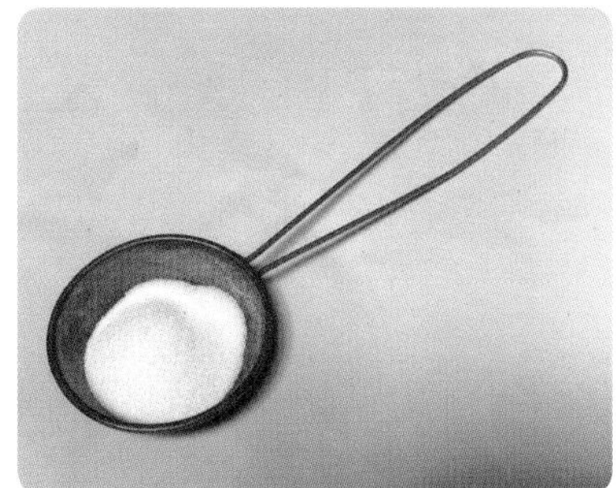

2 국자에 설탕을 세 숟가락 정도 넣어요. 휘저을 때 넘치지 않을 정도가 좋아요.

3 국자를 불 위에 올려놓고 나무젓가락으로 저으면서 설탕의 변화를 관찰해요.

설탕이 어떻게 되고 있어?

국자 아랫부분부터 녹아요.

쇠젓가락으로 저으면 열이 전달되어 뜨거우므로 나무젓가락으로 저어요.

4 설탕이 녹아서 액체가 되면 젓가락으로 베이킹파우더를 두 번 정도 찍어 넣어서 섞어요.

와! 설탕이 부풀어 올라요! 색도 노랗게 변했어요.

베이킹파우더를 많이 넣으면 쓴맛이 나고 적게 넣으면 잘 부풀지 않아요.

5 적당히 부풀었으면 재빨리 스텐 받침에 부어요.

쏟기 전에 설탕을 미리 깔아 놓으면 나중에 달고나를 떼기 쉬워요.

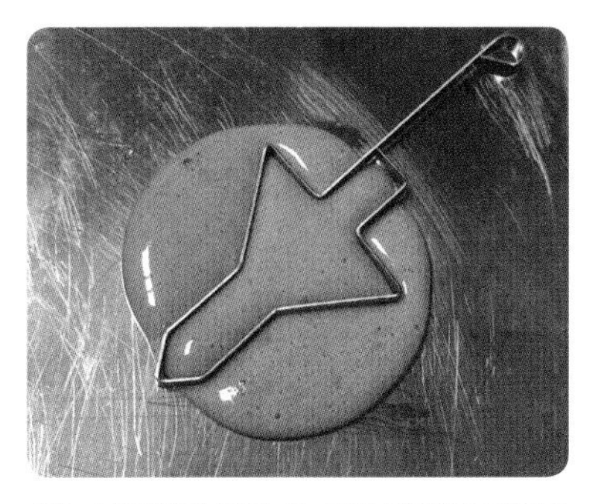

6 모양틀로 찍은 후 굳을 때까지 기다려요. 굳은 후 떼어서 맛있게 먹어요.

녹인 설탕에 베이킹파우더를 넣으면 왜 부풀어 오를까요? 베이킹파우더에 들어 있는 탄산수소나트륨은 열을 받으면 이산화탄소와 탄산나트륨으로 나누어져요. 이때 나오는 이산화탄소가 액체 설탕 사이에 들어가서 달고나를 부풀어 오르게 하는 거예요. 또 작은 기체가 섞이다 보니 달고나의 색깔이 밝아져요. 비누를 비벼서 작은 거품을 만들면 하얗게 보이는 것과 같은 원리예요.

77 삼투압으로 만드는 새콤달콤 레몬청

과일에 설탕을 넣으면 삼투압에 의해 과일에서 수분이 빠져나와요. 아이와 함께 비타민 C가 많은 레몬을 설탕에 절여 보세요. 레몬에서 물이 빠져나와 설탕을 녹여서 맛있는 레몬청이 된답니다.

놀이목표

삼투압, 물질의 형태 변화

연계 교육과정

초등3-1 ② 물질의 성질

준비물

레몬, 설탕, 유리병, 굵은 소금, 베이킹소다, 비닐장갑, 칼

신과람쌤의 실험노트

김장할 때 배추를 소금물에 담그면 배추 세포에서 수분이 빠져나와 배추의 숨이 죽어요. 이처럼 수분이 저농도에서 고농도로 이동하는 것을 '삼투 현상'이라고 해요. 레몬청을 만드는 과정도 이와 마찬가지예요. 레몬에 설탕을 뿌려서 절이면 레몬 세포의 물이 세포막 밖으로 이동하여 설탕이 물에 녹아요. 그러면서 맛있는 레몬청이 되는 거랍니다. 아이와 레몬청을 만들면서 삼투 현상도 관찰해 보고 새콤달콤한 레모네이드도 즐겨 보세요.

1 굵은 소금으로 레몬을 문지른 후 씻어요. 그런 다음 베이킹소다를 녹인 물에 레몬을 20분 정도 담근 후 헹궈요.

2 끓는 물에서 5~10초 동안 레몬을 굴린 후 건져요. 마른행주나 키친타월로 물기를 닦아요.

3 찬물에 유리병을 엎은 후 물을 끓여서 병을 소독해요. 조심히 꺼낸 후 잘 말려요.

끓는 물에 유리병을 넣으면 깨질 수 있으니 찬물에 넣고 끓여야 해요.

4 레몬의 끝부분을 잘라 내고, 3~5mm 두께로 자른 후 씨를 제거해요.

양쪽 끝부분이나 씨앗을 넣으면 쓴맛이 나요.

5 레몬과 동량의 설탕을 준비해서 그중 반을 레몬에 켜켜이 뿌려 잠깐 절여요.

6 소독한 유리병에 설탕, 절인 레몬, 설탕의 순서로 넣고 뚜껑을 닫아요. 상온에서 이틀 정도 숙성시키면서 삼투 현상을 관찰해요.

7 하루 후 변화를 관찰하고, 설탕이 잘 녹도록 중간중간 병을 뒤집어 줘요.

물이 생겼어요!

설탕이 레몬의 물을 빼앗아 물이 생겨서 설탕이 녹은 거란다.

8 이틀이 지나면 설탕이 모두 녹은 것을 볼 수 있어요. 냉장 보관을 하면서 레몬차나 레모네이드를 만들어 먹어요.

탐구 더하기

옛날부터 선조들은 식품을 오래 저장하기 위해 삼투 현상을 이용했어요. 식품에 수분이 낮아지면 미생물의 성장을 억제해서 오래 보관할 수 있기 때문이에요. 김치처럼 소금을 이용한 염장법, 잼처럼 설탕을 이용한 당장법, 피클처럼 식초를 이용한 산저장법이 그 예랍니다.

78 설탕이 녹았다 굳으면 반짝반짝 보석 사탕

집에서도 사탕을 만들 수 있어요. 설탕으로 결정을 만들기만 하면 된답니다.
이렇게 만든 사탕은 반짝반짝 보석같이 예쁘고 달콤해서 아이들에게 인기 만점이에요.

놀이목표

설탕물 만들기, 용해와 결정

연계 교육과정

초등5-1 ④ 용해와 용액

준비물

설탕, 물, 냄비, 투명한 유리병, 꼬치, 나무젓가락, 랩

신과람쌤의 실험노트

주방에 있는 재료 중에 물에 녹는 것을 아이와 함께 찾아보세요. 설탕, 소금뿐만 아니라 식초, 꿀 등도 물에 녹아요. 그중에서 설탕을 녹인 물로 보석 사탕을 만들어 봐요. 설탕이 물에 잘 녹으려면 잘 저어야 해요. 또 온도를 높여 주면 더 많은 양의 설탕을 녹일 수 있어요. 이렇게 만들어진 설탕물이 식으면 어떻게 될까요? 온도가 낮아지면 녹을 수 있는 설탕의 양이 줄어서 설탕은 다시 고체가 돼요. 그래서 나무 꼬치를 넣어 두면 그것을 중심으로 설탕의 결정이 자라요. 바로 아이들이 좋아하는 사탕이 되는 거지요.

1 냄비에 물을 약 500ml(종이컵 3컵) 정도 넣어요.

2 물에 설탕을 1kg 정도 넣어요.

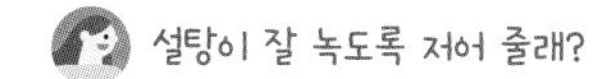

3 냄비를 약불에 올려놓고 천천히 저으면서 녹여요. 설탕이 녹아서 투명해지면 불을 끕니다.

뜨거운 온도에서 녹이면 설탕이 더 잘 녹아.

4 설탕이 다 녹아서 투명해지면 냄비를 찬물에 담가 식혀요.

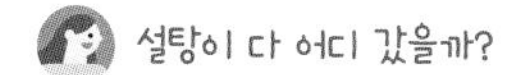

설탕이 작은 알갱이가 되어 물과 섞였어요.

5 설탕물이 다 식으면 투명한 병이나 컵에 부은 후 식용색소를 넣어서 색을 내요.

무슨 색 사탕이 먹고 싶어?

6 결정이 자라도록 설탕물에 꼬치를 넣어요. 꼬치가 바닥에 닿지 않도록 나무젓가락에 끼워요.

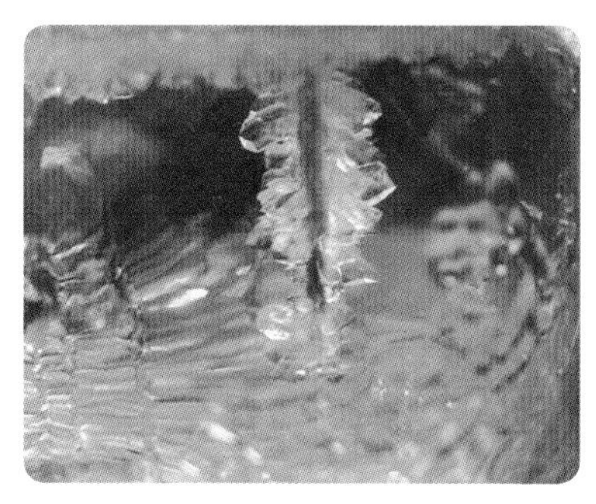

7 꼬치 주변에 결정이 자라는 것을 관찰해요.

신기한 모양이 생겼어요!

녹아 있던 설탕이 꼬치에 달라 붙어 결정이 생기는 거야.

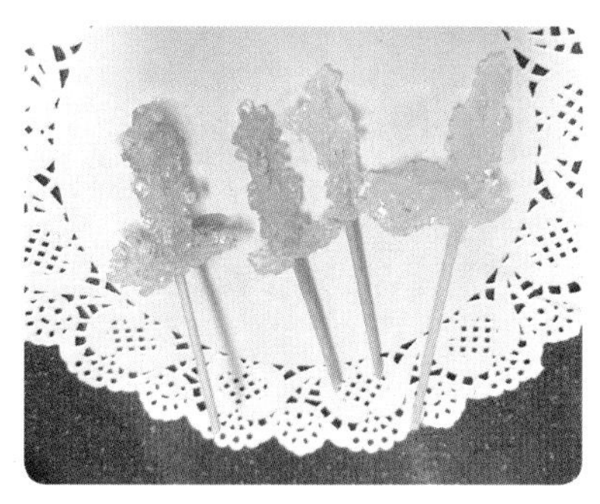

8 일주일쯤 기다리면 예쁜 보석 사탕이 완성돼요.

결정은 천천히 자라도록 두어야 각진 모양이 생겨요. 냉장고 위와 같이 진동이 있는 환경에서는 결정이 잘 만들어지지 않아요.

실험 속 과학원리

설탕이 물에 녹는다는 것은 설탕 알갱이가 눈에 보이지 않게 작은 알갱이가 되어 물과 고르게 섞인다는 뜻이에요. 이런 현상을 '용해된다'고 해요. 이렇게 설탕이 물에 용해되면 투명한 설탕물이 돼요. 설탕물, 소금물처럼 녹는 물질이 녹이는 물질에 녹은 액체를 '용액'이라고 해요.

79 우유와 레몬의 만남 코티지 치즈 만들기

유통기한이 임박한 우유가 있다면 코티지 치즈를 만들어 보세요.
이 치즈를 만드는 과정에는 우유의 단백질과 레몬의 산이 만나 응고되는 원리가 숨겨져 있답니다.

놀이목표
혼합물의 분리, 단백질 응고

연계 교육과정
초등3-1 ② 물질의 성질
초등4-1 ⑤ 혼합물의 분리

준비물
우유 500ml, 생크림 250ml(선택),
레몬 반 개, 면보, 채반, 냄비

신과람쌤의 실험노트

우유를 이용해 아이들이 좋아하는 치즈를 직접 만들어 볼까요? 우유의 단백질은 레몬의 산을 만나면 응고가 되는데, 이 성질을 이용해 치즈를 만드는 거예요. 이 활동을 통해 아이들은 물질의 색, 냄새, 질감 등 기본 특성에 관심을 갖고, 다양한 방법으로 변화시켜 보는 경험을 하게 돼요. 또한 과학을 실험실뿐만 아니라 부엌에서도 배울 수 있다는 것을 알게 되지요. 엄마가 아이의 호기심을 자극할 만한 질문을 적절히 던짐으로써 아이가 궁금한 것을 해결해 가는 즐거움을 맛보게 해 주세요. 함께 만든 코티지 치즈로 맛있는 간식도 만들어 먹고요.

1 레몬을 소금과 베이킹소다로 깨끗이 씻은 뒤 반으로 잘라 즙을 냅니다.

레몬즙이 엄청 셔요!

레몬은 산 성분이어서 시큼해.

2 우유와 생크림을 2:1로 섞은 후 냄비에 넣고 가열해요.

생크림이 없다면 우유만 사용해도 돼요.

3 우유가 끓기 시작하면 레몬즙을 넣고 약불로 20~30분 더 끓여요. 순두부처럼 몽글몽글해지면 불을 끄고 1~2분 기다려요.

우유의 단백질이 레몬의 산을 만나 고체처럼 응고돼요.

4 큰 그릇 위에 채반을 놓고, 그 위에 면 보자기를 펼친 후 끓인 우유를 부어요.

일부는 크기가 커서 안 내려가요.

맞아. 이렇게 걸러서 분리하는 방법을 '거름법'이라고 해.

5 물기를 짠 후 집게로 꽉 집거나 무거운 것을 올려놓아요. 냉장고에 하루 동안 넣어 둡니다.

바로 먹어도 되지만 냉장고에 넣어서 차갑게 먹으면 더 맛있어요.

6 하루 지난 치즈를 꺼내어 어제와 느낌을 비교해 보세요.

어제는 순두부같이 부드러웠는데 오늘은 단단해요.

우유는 액체인데 이 치즈는 고체야. 액체가 고체로 변하는 것을 '응고'라고 해. 우유는 레몬 때문에 응고가 된 거야.

7 치즈를 크래커나 샐러드에 올려서 맛있게 먹어요.

치즈에 잼을 섞거나 견과류를 올려 먹으면 더 맛있어요.

탐구 더하기

식품 속 단백질이 응고되는 것을 이용하는 요리는 다음과 같이 다양해요. 아이와 함께 만들어 보며 응고에 대해 이야기 나눠요.

단백질의 응고 종류	음식	준비물
산에 의한 응고	요거트	우유와 유산균
열에 의한 응고	계란 프라이	계란
이온에 의한 응고	순두부	콩물과 소금물

80 콩물을 응고시켜 몽글몽글 두부 만들기

콩밥을 지으면 콩을 쏙 빼내는 아이들이 많죠? 아이와 같이 콩을 관찰하고 갈아서 엄마표 두부를 만들어 보세요. 콩의 놀라운 변화를 관찰하면서 콩과 친해질 수 있을 거예요.

놀이목표

두부가 만들어지는 과정, 요리를 통한 형태 변화

연계 교육과정

초등3-1 ② 물질의 성질
초등4-1 ⑤ 혼합물의 분리

준비물

서리태(검은콩) 혹은 백태(노란콩) 500g, 믹서, 소금(천일염), 식초, 면보, 무거운 물체

신과람쌤의 실험노트

부드러운 순두부와 단단한 두부는 모두 콩으로 만든 거예요. 불린 콩을 갈아서 면보에 거르면 액체 상태인 콩물이 나와요. 이 콩물을 끓이며 간수를 넣어 응고시키면 순두부가 돼요. 순두부의 물기를 짜 내면 단단한 두부가 되고요. 간수의 이온이 콩에 풍부하게 들어 있는 단백질을 응고시키는 원리예요. 간수는 천일염에서 뺀 물을 말하는데, 집에 간수가 없으면 천일염을 물에 녹여서 이용해도 됩니다. 백태(노란콩)로 흰 두부도 만들어 보고, 서리태(검은콩)로 회색 두부도 만들어 보세요.

Step 1 콩물 만들기

1 콩을 씻고 6~8시간 동안 불려요. 믹서에 불린 콩과 물(콩의 2배)을 넣고 갈아요.

불리기 전과 후에 콩의 변화를 탐색해 보세요.

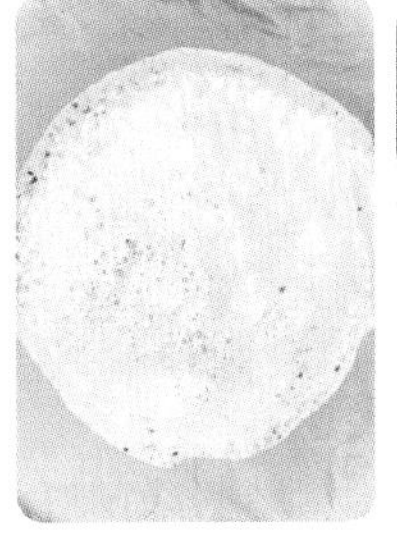

2 믹서에 간 콩을 면보에 넣어서 걸러요.

무엇이 면보를 통과할까?

입자가 큰 것은 위에 남고, 입자가 작은 것은 내려갈 것 같아요.

3 면보를 짜서 콩물을 받아요. 면보에 찌꺼기 형태로 남은 것이 비지예요.

비지로 비지찌개, 비지전 등도 만들어 보세요.

Step 2 순두부 만들기

4 콩물을 끓이면서 눋지 않게 살살 젓고, 거품이 생기면 걷어 내요. 물 200ml, 소금 1큰술, 식초 2큰술을 섞어 간수를 만들어요.

콩물이 갑자기 확 넘칠 수 있으니 옆에서 잘 지켜보세요.

5 콩물이 끓어 오르면 넘치기 전에 천연 간수를 3번에 나눠서 넣어요.

간수를 넣은 후 많이 젓지 말고 한 번씩만 저어 주세요.

6 5분 동안 약한 불에 끓이다가 불을 끄고 뚜껑을 덮은 후 10분 정도 놔 두면 순두부가 됩니다.

간장 양념을 만들어서 섞어 먹으면 더 맛있어요.

Step 3 두부 만들기

7 완성된 5를 두부 틀에 넣고 눌러요. 두부 틀이 없으면 채반 위에 면보를 놓고 걸러요.

8 면보 위에 남은 것을 직육면체 모양으로 다듬은 후 면보로 감싸요. 위에 무거운 물체를 올려놓고 꾹 눌러요.

9 2~3시간이 지나면 굳어서 두부가 돼요. 칼로 잘라서 맛있게 먹으면 됩니다.

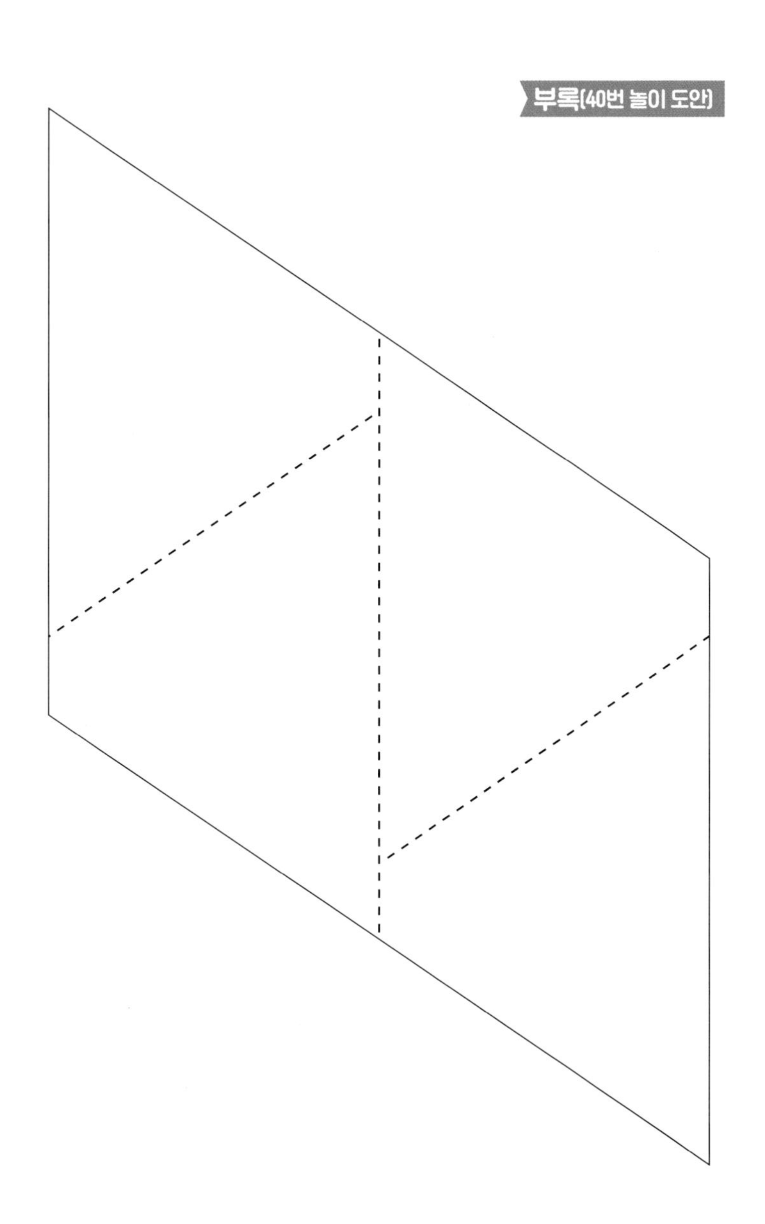